中国地质大学(武汉)实验教材项目
教育部"地下水污染与防治"国家精品课程建设项目

地下水污染模拟指导书

DIXIASHUI WURAN MONI ZHIDAOSHU

高旭波　李义连　马　腾　主编

U0426418

中国地质大学出版社有限责任公司
ZHONGGUO DIZHI DAXUE CHUBANSHE YOUXIAN ZEREN GONGSI

图书在版编目(CIP)数据

地下水污染模拟指导书/高旭波,李义连,马腾主编.—武汉:中国地质大学出版社有限责任公司,2013.12

中国地质大学(武汉)实验教学系列教材

ISBN 978-7-5625-3115-9

Ⅰ.地…

Ⅱ.①高…②李…③马…

Ⅲ.地下水污染-模拟-高等学校-教学参考资料

Ⅳ.X523.06

中国版本图书馆CIP数据核字(2013)第121038号

地下水污染模拟指导书 **高旭波 李义连 马 腾 主编**

责任编辑:王凤林 责任校对:张咏梅

出版发行:中国地质大学出版社有限责任公司(武汉市洪山区鲁磨路388号) 邮编:430074

电 话:(027)67883511 传 真:(027)67883580 E-mail:cbb @ cug.edu.cn

经 销:全国新华书店 Http://www.cugp.cug.edu.cn

开本:787毫米×1 092毫米 1/16 字数:190千字 印张:7.25

版次:2013年12月第1版 印次:2013年12月第1次印刷

印刷:武汉教文印刷厂 印数:1—1 000册

ISBN 978-7-5625-3115-9 定价:18.00元

如有印装质量问题请与印刷厂联系调换

中国地质大学(武汉)实验教学系列教材
编委会名单

主　任　唐辉明

副主任　徐四平　殷坤龙

编委会委员：(以姓氏笔画顺序)

马　腾　王　莉　牛瑞卿　石万忠　毕克成
李鹏飞　吴　立　何明中　杨明星　杨坤光
卓成刚　罗忠文　罗新建　饶建华　程永进
董元兴　曾健龙　蓝　翔　戴光明

前　言

地下水地球化学是在水文地质学、化学热力学和地球化学的基础上发展起来的一门学科，它是研究地下水中化学组分的形成原因，化学元素的迁移、转化、富集与分散规律的一门学科。地下水地球化学模型是地下水化学的重要组成部分，它用于模拟地下水系统中的地球化学过程，能反映出地下水系统中所发生的地球化学反应以及各种离子在地下水系统中的存在状态。30多年来得到了迅速的发展，对研究地下水中地球化学过程起了很大的促进作用，在地质学、材料学和环境科学等领域被广泛应用。

地下水化学成分的形成与演化、地下水污染防护与治理，其研究根本点均在于水-岩之间的地下水地球化学作用及其环境效应，即水岩相互作用及其环境效应。计算机仿真模拟技术的引入与应用大大加快了这一领域的研究进程和研究水平。通过对地下水及污染的仿真模拟，可以确定地下水系统中的水化学演化过程，揭示地球深部的水循环机理，也可以较好地优选治理方案，大大节省试验经费和试验时间。近几年中，在放射性废物处置、地下水中有机污染影响及垃圾填埋场渗滤液迁移方面，水文地球化学模型得到了很好的应用。是研究天然和人为环境中地下水水质和污染防治的一种新方法和技术。

地下水地球化学模拟主要研究地下水、含水介质和污染组分之间的相互作用，可培养学生水环境污染治理的思维能力和创新能力。

本上机指导说明书适用于地下水污染、水文地球化学、水环境化学和环境地球化学等专业课程。

本上机指导说明书包含7个上机实验。使用Windows操作系统，使用软件为Phreeqc Interactive 2.8。

本书由高旭波副教授编写，李义连教授和马腾教授统稿。本书编写过程中得到了王焰新教授的大力指导，在此致以诚挚的敬意！

由于作者本身的学识水平和实践经验有限，书中定有疏漏和不妥之处，敬请有关专家、学者及广大读者不吝赐教，以便进一步改进和提高。

目　　录

第 1 章　PHREEQC 安装

1.1　系统运行环境

PC 机：各类 PC 品牌或兼容机，586/166/32M 内存以上机型；操作系统：Windows 95/98/ME/2000/xp、Windows NT 及以上。

1.2　软件安装及配置

1.2.1　软件的获取

PHREEQC 及其系列软件可以从 USGS 网站免费获取。其网址链接为：
ftp://brrftp.cr.usgs.gov/pub/charlton/phreeqci/phreeqci-2.18.0-5314.msi

1.2.2　软件安装(以 PHREEQCI28 为例)

(1)下载 PHREEQCI28.exe 到电脑磁盘(图 1-1)，双击开始安装。

图 1-1　开始菜单

(2)单击下一步(Next),出现图 1-2 所示画面。

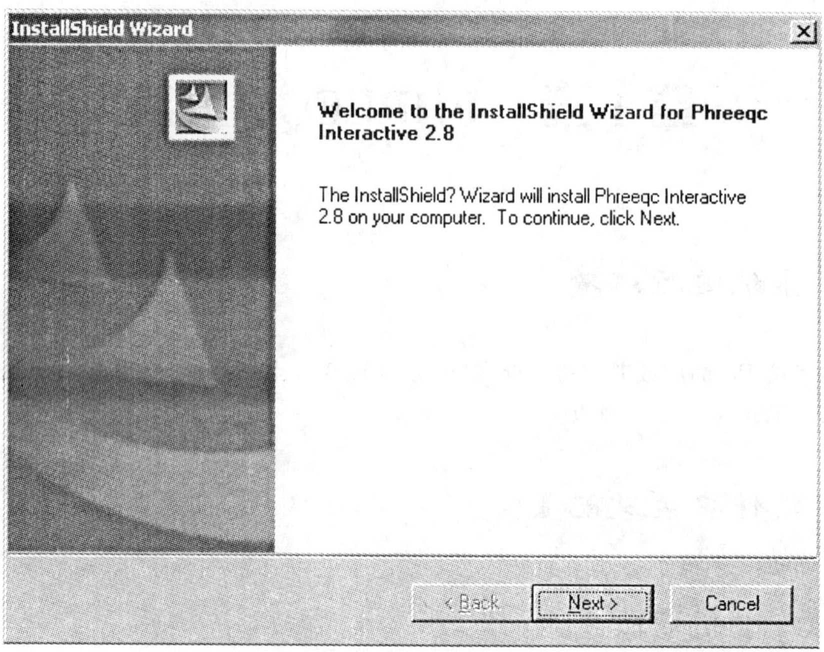

图 1-2　是否确定安装

(3)如图 1-3 所示为版权协议页面,选择“Yes”代表接受该协议,出现图 1-4 所示画面。

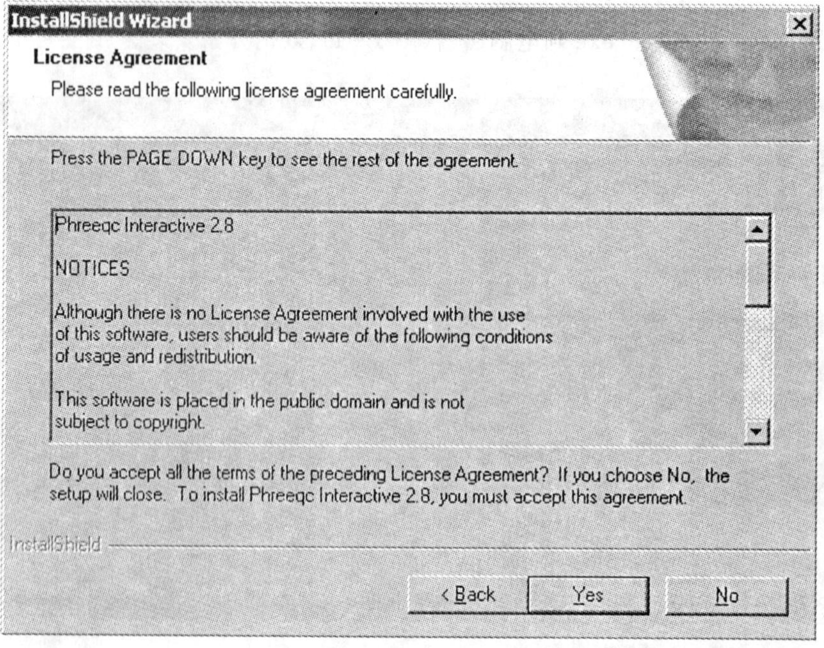

图 1-3　认证协议书

(4) 如图 1-4 所示，单击下一步(Next)继续安装；单击浏览(Browse)可人工输入或重新选择安装程序所在目录，如图 1-5 所示。

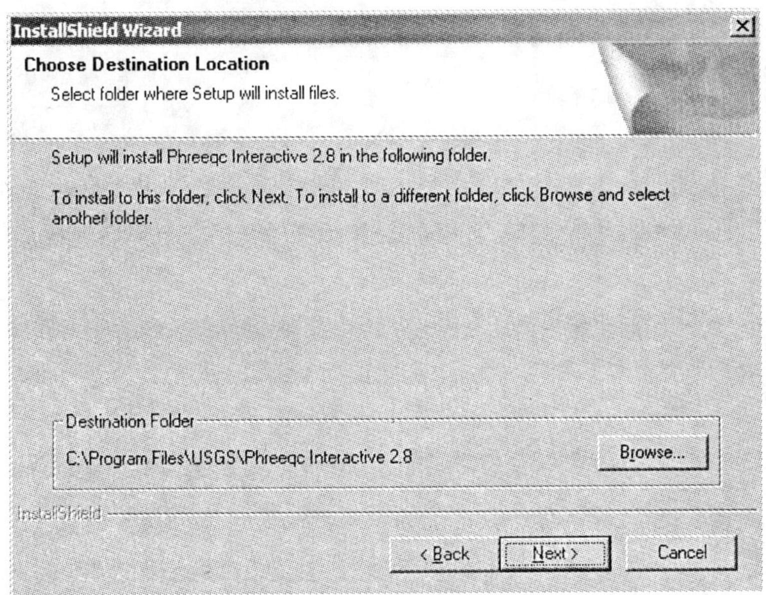

图 1-4 选择安装位置

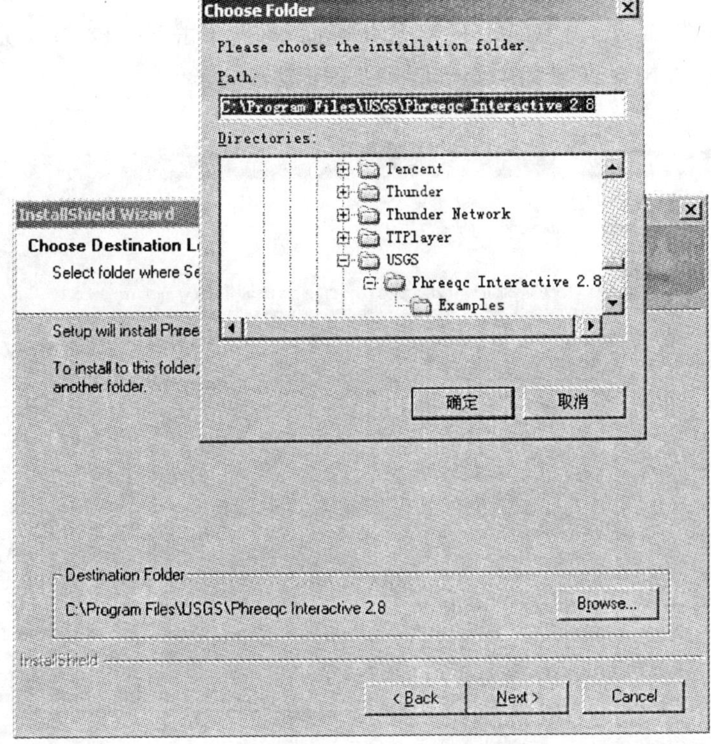

图 1-5 选择文件夹

(5)"确定"安装目录后,单击下一步(Next)出现如图 1-6 所示画面,选择"典型(Typical)"安装(注:Compact 为最小安装,Custom 为手动安装)。

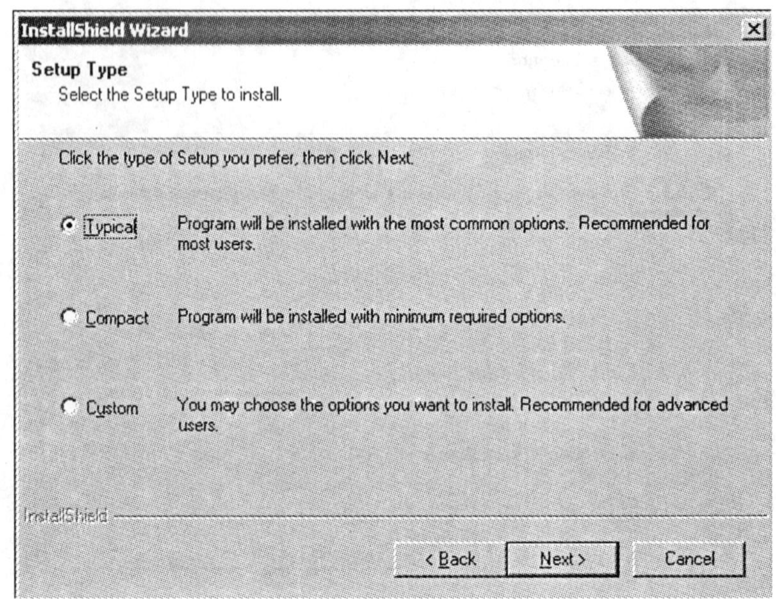

图 1-6　安装类型

(6)单击下一步(Next)出现如图 1-7 所示画面;再次单击下一步(Next),安装文件拷贝完成,出现如图 1-8 画面,单击完成(Finish)结束安装。

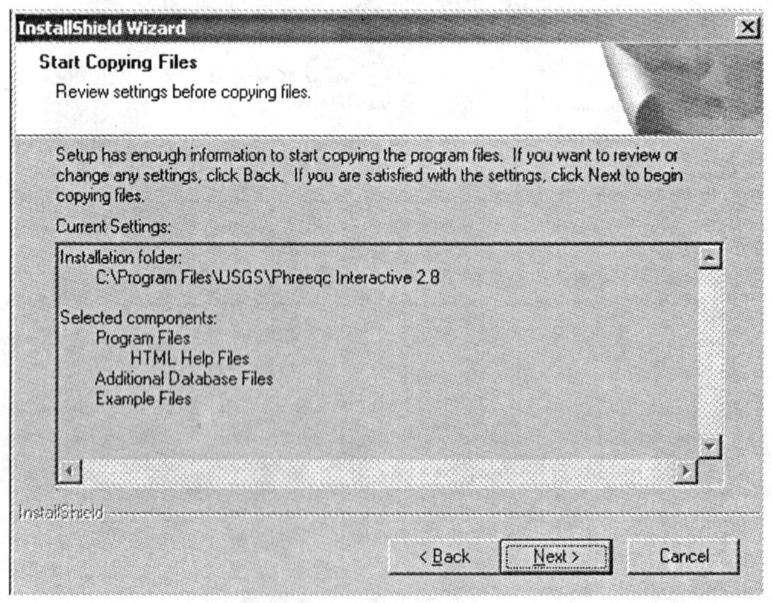

图 1-7　开始复制文件

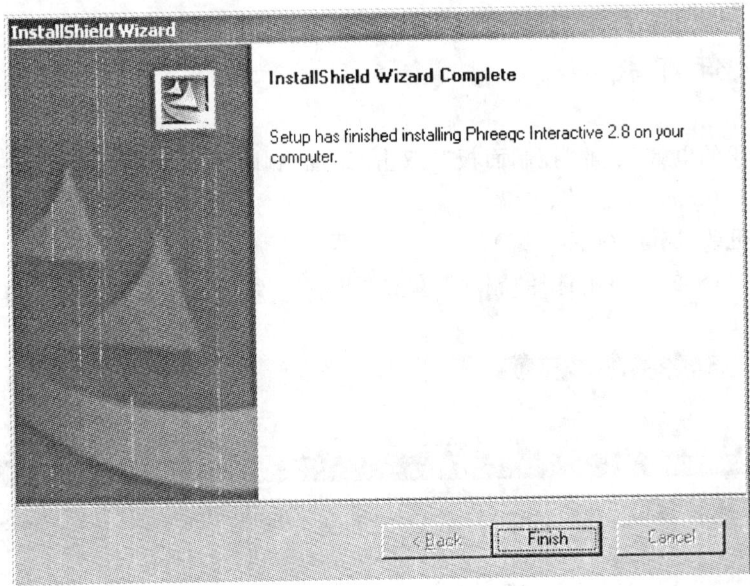

图 1-8　向导完成

1.3　软件运行

如图 1-9 所示，打开“开始”菜单，选择“所有程序”，选择“Phreeqc Interactive 2.8”，单击“ Phreeqc Interactive 2.8”开始运行软件。

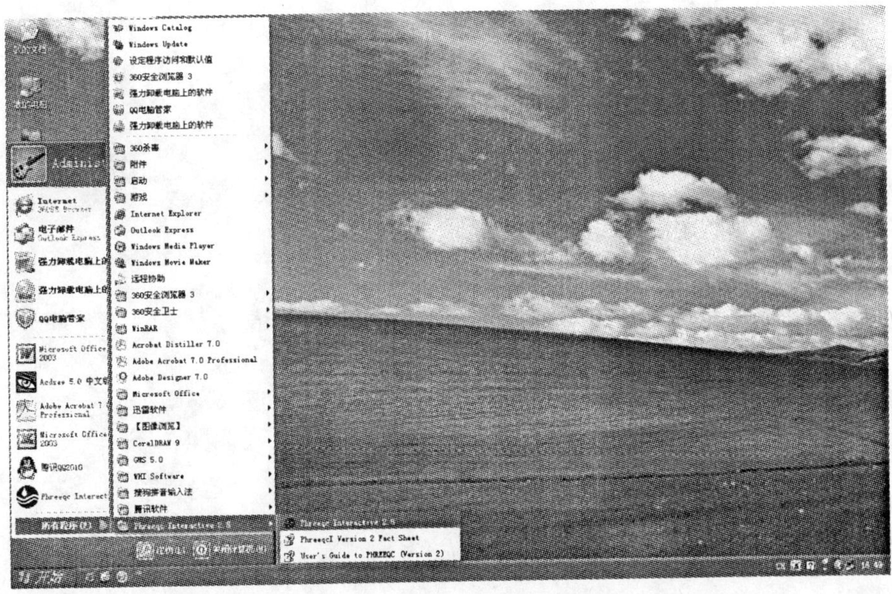

图 1-9　开始菜单

1.4　软件卸载

(1)打开“我的电脑”下的“控制面板”，双击“添加/删除程序”，在“添加/删除程序”窗口中找到“Phreeqc Interactive 2.8”。

(2)单击“更改/删除”(图 1-10)。

(3)在系统弹出的窗口中选择“删除”，单击“下一步”系统自动完成删除工作。

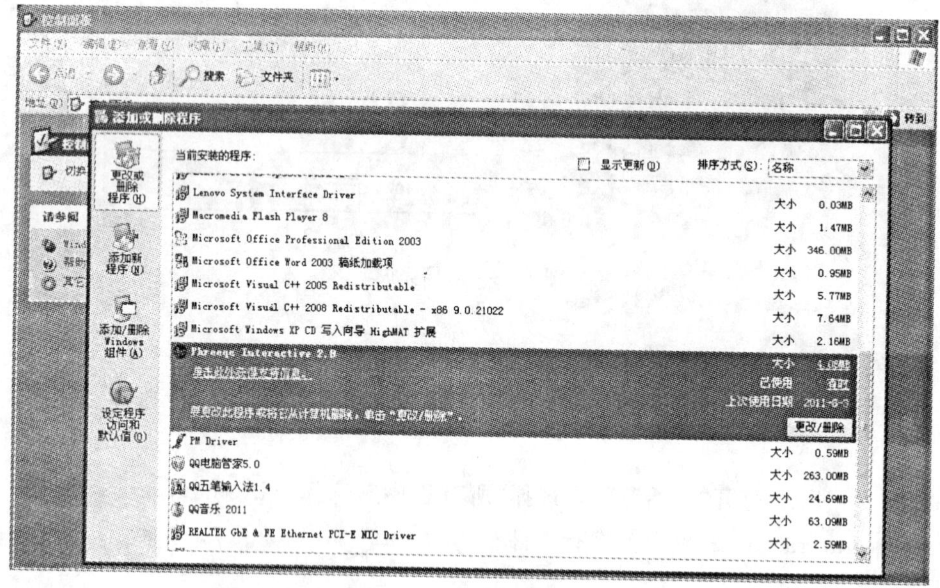

图 1-10　添加或删除程序

第 2 章　程序界面

2.1　开始页面

程序运行后，出现起始界面（图 2－1），点击下一步（Next Tip）可显示 PHREEQC 的每日技巧；点击关闭（Close），关闭该页面窗口，可开始程序编辑操作。

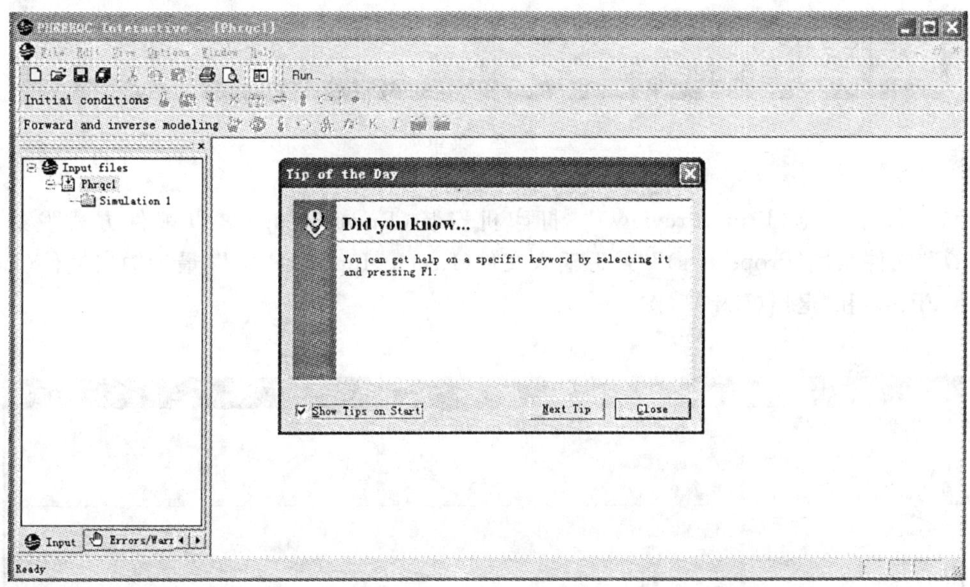

图 2－1　起始界面

2.2　菜单项

PHREEQC 的菜单项包括“文件（File）”“编辑（Edit）”“视图界面（View）”“可选项（Options）”“窗口（Window）”和“帮助（Help）”。

2.2.1　文件操作

“文件”下拉菜单依顺序包括“新建文件（New）”“打开已有文件（Open）”“关闭文件（Close）”“保存文件（Save）”“另存文件（Save As）”“保存全部文件（Save All）”“打印文件

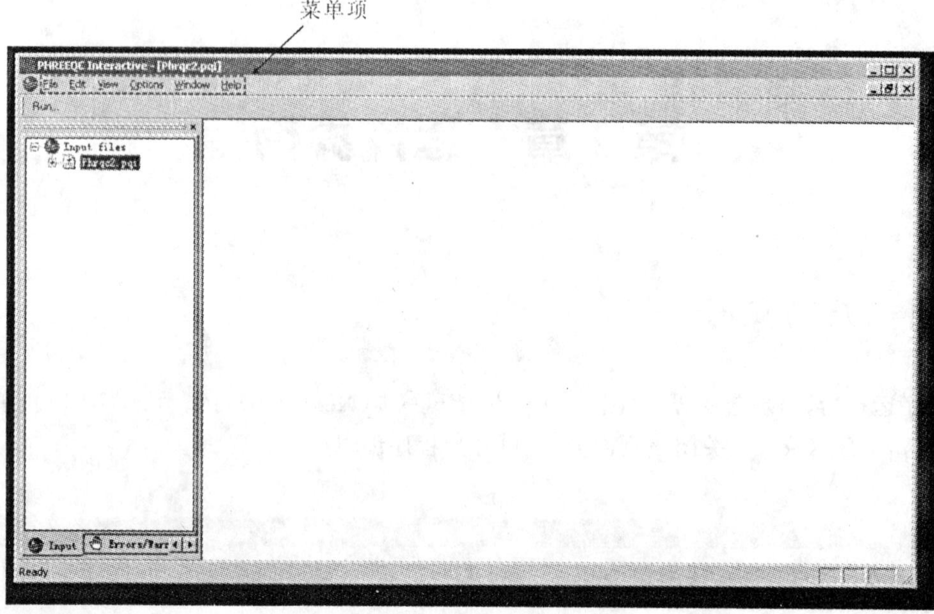

图 2-2　菜单项

(Print)""打印预览(Print Preview)""打印机安装(Print Setup)""以邮件方式发送文件(Send)""文件属性(Properties)""最近输入文件(Recent Input Files)""最近输出文件(Recent Ouput Files)"和"退出(Exit)"(图 2-3)。

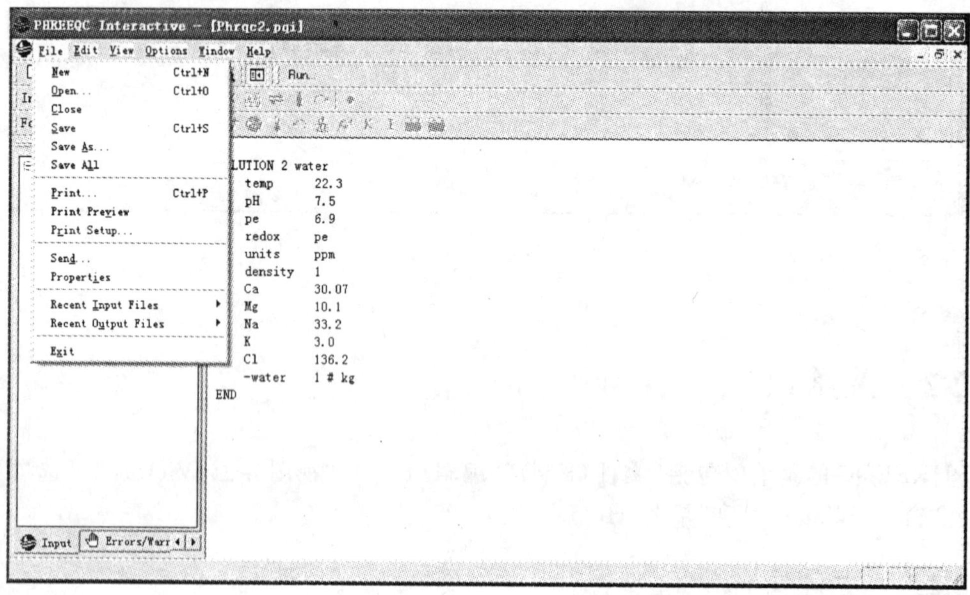

图 2-3　文件菜单

2.2.2　编辑

“编辑”下拉菜单依顺序包括“撤销(Undo)”“剪切(Cut)”“拷贝(Copy)”“粘贴(Paste)”“选择全部 (Select All)”“查找(Find)”“查找下一处(Find Next)”和“替换(Replace)”(图 2 - 4)。

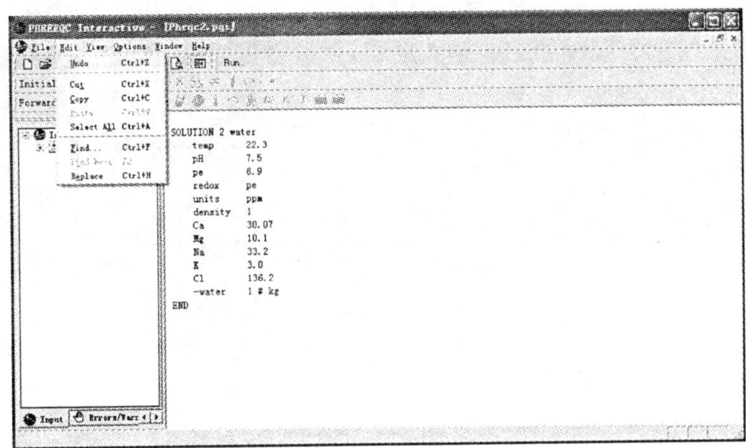

图 2 - 4　程序编辑

2.2.3　视图界面

“视图”下拉菜单依顺序包括“状态栏(Status Bar)”“工作区(Workspace)”“工具栏(Tool Bar)”。其中,“工具栏(Tool Bar)”菜单下还包括子菜单“标准工具栏(Standard)”“正向与反向模拟(Forward and inverse modeling)”“初始条件(Initial conditions)”“打印与数据输出(Pring and numerical method)”“化学与热力学数据 (Stoichiometry and thermodynamic data)”等(图 2 - 5)。

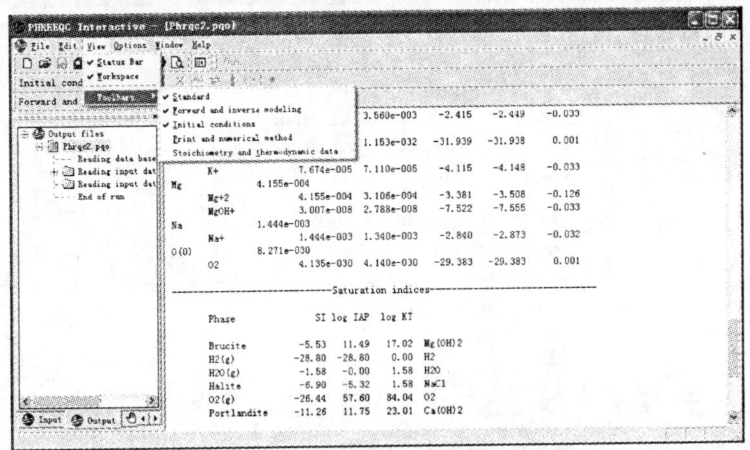

图 2 - 5　视图界面

2.2.4 可选项

“可选项”菜单包括“输入文件覆盖警告(Warn Overwrite Input)”“输出文件覆盖警告(Warn Overwrite Output)”和“设置内置数据库(Set Default Database,默认为 PHREEQC.DAT)”三个选项(图 2-6)。

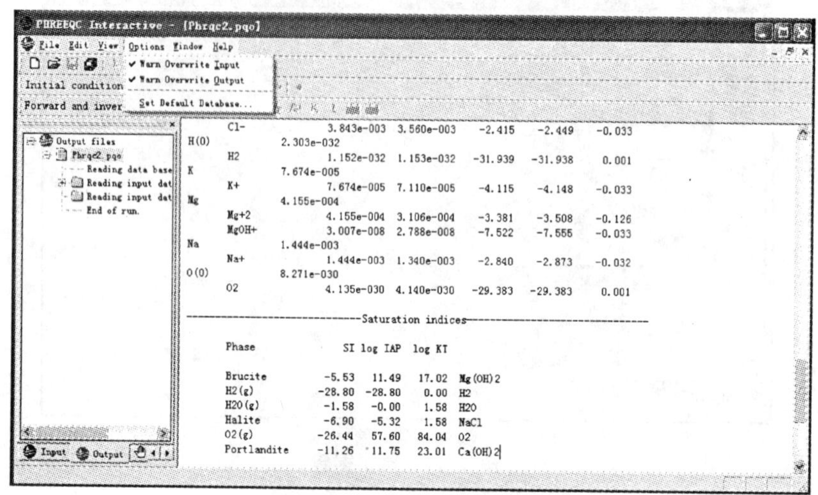

图 2-6　可选项

2.2.5 窗口

“窗口”菜单包括“新建窗口(New Window)”“层叠窗口(Cascade)”“并排窗口(Tile)”和“排列图标(Arrange Icons)”。该菜单最后为当前窗口打开的文件名列表(图 2-7)。

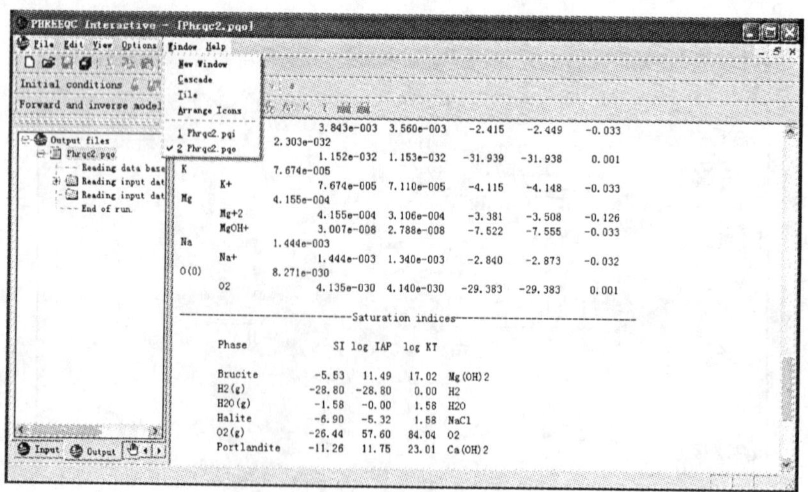

图 2-7　程序窗口

2.2.6 帮助菜单

帮助菜单包括“PHREEQC 用户手册(User’s Guide to PHREEQC)”“PHREEQC 及关键词说明(User’s Fact Sheet FS-031-02)”“每日技巧(Tip of the Day)”和“软件版本说明(About PHREEQC Interactive)”(图 2-8)。

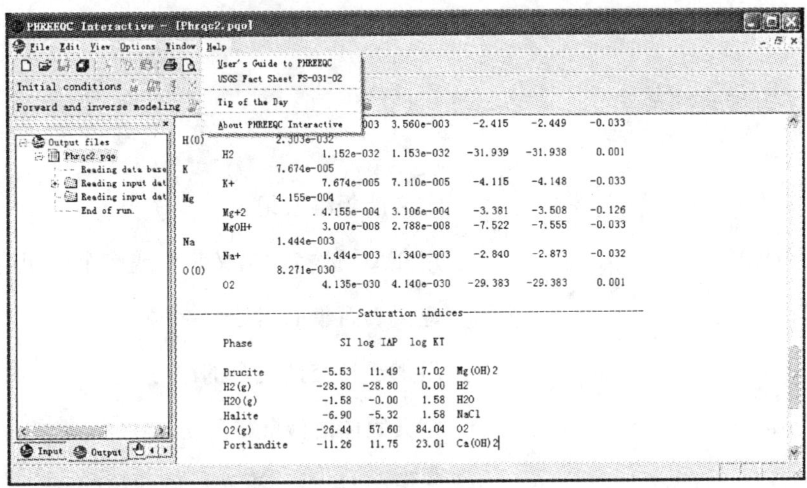

图 2-8　帮助菜单

第3章 关键词

3.1 初始溶液

Solution	定义液相溶液组分
Solution_SPREAD	用TAB键格式定义一个或多个液相溶液组分
SURFACE	定义表面集的组分
EXCHANGE	用来定义交换集合的组分
SOLID_SolutionS	定义固体溶液集的组分
EQUILIBRIUM_PHASES	平衡相，与某一溶液反应的相的集合
GAS_PHASE	定义参与反应的气相组分
USE	选取用于批反应的液相溶液或其他反应物
END	代表一段模拟程序的结束

注：以上各功能对应的快捷图标依顺序如下：

Initial conditions

3.2 正向与反向模拟

MIX	定义不同水相溶液的混合
REACTION	定义不可逆反应
REACTION_TEMPERATURE	指定反应发生温度
SAVE	保存批反应结果，可用于后续模拟中
RATES	定义反应的速率方程
INVERSE_MODELING	定义逆向模拟的溶液、反应物和参数
KINETICS	定义动力学反应及参数

INCREMENTAL_REACTIONS	定义增量反应
ADVECTION	定义平流程序段，不含扩散
TRANSPORT	定义平流-弥散运移反应参数

注：以上各功能对应的快捷图标依顺序如下：

Forward and inverse modeling K I

3.3 输出及数值模拟参数设置

TITLE	定义输出文件中的字符串
PRINT	选择用来输入到输出文件的数据块
USER_PRINT	输出用户定义的内容到输出文件
USER_PUNCH	输出用户定义的内容到指定的输出文件中
SELECTED_OUTPUT	输出指定内容到用户定义文件中
KNOBS	定义数值方法的参数和打印调试信息

注：以上各功能对应的快捷图标依顺序如下：

Printing and numerical method abc

3.4 化学及热力学数据

EXCHANGE_MASTER_SPECIES	定义交换位及相应的主要交换元素形态
EXCHANGE_SPECIES	定义与交换元素相关的半反应和热动力学数据
PHASES	定义矿物和气体的离解反应和热动力学数据
Solution_MASTER_SPECIES	定义元素和相应的主要存在形态
Solution_SPECIES	定义液相中元素形态的缔合反应和热动力学数据
SURFACE_MASTER_SPECIES	定义表面吸附位及相应的主要的元素表面吸附形态
SURFACE_SPECIES	定义元素表面形态的缔合反应和热力学数据

注：以上各功能对应的快捷图标依顺序如下：

Stoichiometry and thermodynamic data {S}

第4章 实 验

实验一 地下水中元素形态分布

4.1.1 案例分析

例 1-1 纯水溶液的配制

练习配制 pH 值为 7，温度 25℃的纯水溶液，并解释运行结果(表 4-1-1)。

表 4-1-1 例 1-1 上机程序及说明

程序		说明
Solution 1		溶液 1
temp	25	水温 25℃
pH	7	pH 值为 7
pe	4	pe 值 4
redox	pe	溶液氧化还原状态以 pe 值表示
units	mmol/kgw	化学组分单位，mmol/kg 水
density	1	溶液密度 1kg/L
—water	1 # kg	溶液总质量 1kg
END		程序结束

程序运行结果说明：

Initial Solution 1(初始溶液 1)

----------------------------------- Solution composition(溶液元素组成) -----------------------------------

Elements(元素)　　Molality(摩尔浓度)　　Moles(摩尔数)

Pure water(纯水)

----------------------------------- Description of Solution(溶液基本化学特征) -----------------------------------

pH = 7.000

pe = 4.000

Activity of water = 1.000

Ionic strength = 1.001e−007
Mass of water (kg) = 1.000e+000
Total alkalinity (eq/kg) = 1.082e−010
Total carbon (mol/kg) = 0.000e+000
Total CO_2 (mol/kg) = 0.000e+000
Temperature (deg C) = 25.000
Electrical balance (eq) = −1.082e−010
Percent error, 100 * (Cat−|An|)/(Cat+|An|) = −0.05
Iterations = 0
Total H = 1.110124e+002
Total O = 5.550622e+001

---------- Distribution of species(溶液元素形态) ----------

Species (元素形态)	Molality (摩尔浓度)	Activity (活度)	log Molality (摩尔浓度对数)	log Activity (活度对数)	log Gamma (活度系数对数)
OH^-	1.002e−007	1.001e−007	−6.999	−6.999	−0.000
H^+	1.001e−007	1.000e−007	−7.000	−7.000	−0.000
H_2O	5.551e+001	1.000e+000	1.744	0.000	0.000
H(0)	1.416e−025				
H_2	7.079e−026	7.079e−026	−25.150	−25.150	0.000
O(0)	0.000e+000				
O_2	0.000e+000	0.000e+000	−42.080	−42.080	0.000

---------- Saturation indices(矿物相饱和指数) ----------

Phase (矿物相)	SI (饱和指数)	logIAP (离子活度积对数)	logKT (溶解常数对数)	分子式
H_2(g)(氢气,气态)	−22.00	−22.00	0.00	H_2
H_2O(g)(水,气态)	−1.51	0.00	1.51	H_2O
O_2(g)(氧气,气态)	−39.12	44.00	83.12	O_2

End of simulation(模拟结束)

例 1－2　NaCl 溶液的配制

配制 pH 值为 7,温度 25℃,Cl^- 浓度为 10μmol/L 的 NaCl 溶液,并解释运行结果(表 4－1－2)。

表 4-1-2　例 1-2 上机程序及说明

程序		说明
Solution 2		溶液 2
temp	25	水温 25℃
pH	7	pH 值为 7
pe	4	pe 值 4
redox	pe	溶液氧化还原状态以 pe 值表示
units	μmol/L	化学组分单位，μmol/L
density	1	溶液密度 1kg/L
Na^+	10	Na^+ 含量 10μmol/L
Cl^-	10	Cl^- 含量 10μmol/L
—water	1 # kg	水溶液质量 1kg
END		程序结束

程序运行结果说明：

Initial Solution 2(初始溶液 2)

---------- Solution composition(溶液元素组成) ----------

Elements(元素)	Molality(摩尔浓度)	Moles(摩尔数)
Cl^-	1.000e−005	1.000e−005
Na^+	1.000e−005	1.000e−005

---------- Description of Solution(溶液基本化学特征) ----------

pH = 7.000

pe = 4.000

Activity of water = 1.000

Ionic strength = 1.010e−005

Mass of water (kg) = 1.000e+000

Total alkalinity (eq/kg) = 1.104e−010

Total carbon (mol/kg) = 0.000e+000

Total CO_2 (mol/kg) = 0.000e+000

Temperature (deg C) = 25.000

Electrical balance (eq) = −1.104e−010

Percent error, 100 * (Cat−|An|)/(Cat+|An|) = −0.00

Iterations = 2

Total H = 1.110124e+002

Total O = 5.550622e+001

---------- Distribution of species(溶液元素形态) ----------

Species	Molality	Activity	log Molality	log Activity	log Gamma
OH^-	1.005e−007	1.001e−007	−6.998	−7.000	−0.002
H^+	1.004e−007	1.000e−007	−6.998	−7.000	−0.002

H_2O	5.551e+001	1.000e+000	1.744	−0.000	0.000
Cl^-	1.000e−005				
Cl^-	1.000e−005	9.963e−006	−5.000	−5.002	−0.002
H(0)	1.416e−025				
H_2	7.079e−026	7.079e−026	−25.150	−25.150	0.000
Na^+	1.000e−005				
Na^+	1.000e−005	9.963e−006	−5.000	−5.002	−0.002
O(0)	0.000e+000				
O_2	0.000e+000	0.000e+000	−42.080	−42.080	0.000

------------------------------------ Saturation indices(矿物相饱和指数)------------------------------------

Phase	SI	logIAP	logKT	
$H_2(g)$	−22.00	−22.00	0.00	H_2
$H_2O(g)$	−1.51	−0.00	1.51	H_2O
Halite	−11.59	−10.00	1.58	NaCl
$O_2(g)$	−39.12	44.00	83.12	O_2

------------------------------------ End of simulation(模拟结束)------------------------------------

例1-3 地下水中元素F的存在形态

配制pH值为7,温度25℃,F^-浓度0.3μmol/L的地下水溶液,并根据运行结果分析地下水中F的存在形态(表4-1-3)。

表4-1-3 例1-3上机程序及说明

程序		说明
Solution 3		溶液3
temp	25	水温25℃
pH	7	pH值为7
pe	4	pe值4
redox	pe	溶液氧化还原状态以pe值表示
units	μmol/L	化学组分单位,μmol/L
density	1	溶液密度1kg/L
K^+	0.1	K^+浓度0.1μmol/L
Na^+	10	Na^+浓度10μmol/L
Ca^{2+}	30	Ca^{2+}浓度
Mg^{2+}	5	Mg^{2+}浓度
Cl^-	15	Cl^-含量15μmol/L
Alkalinity	40	碱度40μmol/L
S(6)	10	SO_4^{2-}浓度
F	0.3	F浓度0.3μmol/L
−water	1#kg	水溶液质量1kg
END		程序结束

程序运行结果说明：

Solution composition(输入溶液组成)

Elements	Molality	Moles
Alkalinity	4.000e−005	4.000e−005
Ca^{2+}	3.000e−005	3.000e−005
Cl^{-}	1.500e−005	1.500e−005
F^{-}	3.000e−007	3.000e−007
K^{+}	1.000e−007	1.000e−007
Mg^{2+}	5.000e−006	5.000e−006
Na^{+}	1.000e−005	1.000e−005
S(6)	1.000e−005	1.000e−005

Description of Solution

pH = 7.000

pe = 4.000

Activity of water = 1.000

Ionic strength = 1.225e−004

Mass of water (kg) = 1.000e+000

Total carbon (mol/kg) = 4.885e−005

Total CO_2 (mol/kg) = 4.885e−005

Temperature (deg C) = 25.000

Electrical balance (eq) = 4.800e−006

Percent error, 100 * (Cat−|An|)/(Cat+|An|) = 3.09

Iterations = 5

Total H = 1.110125e+002

Total O = 5.550639e+001

Distribution of species(地下水中氟的形态分布)

Species	Molality	Activity	log Molality	log Activity	log Gamma
F	3.000e−007				
F^{-}	2.998e−007	2.960e−007	−6.523	−6.529	−0.006
MgF^{+}	9.388e−011	9.268e−011	−10.027	−10.033	−0.006
CaF^{+}	7.427e−011	7.332e−011	−10.129	−10.135	−0.006
HF	4.439e−011	4.439e−011	−10.353	−10.353	0.000
NaF	1.681e−012	1.681e−012	−11.774	−11.774	0.000
HF^{-}	5.106e−017	5.041e−017	−16.292	−16.298	−0.006

Saturation indices(矿物饱和指数)

Phase	SI	logIAP	logKT	
Anhydrite	−5.21	−9.57	−4.36	$CaSO_4$
Aragonite	−3.94	−12.28	−8.34	$CaCO_3$
Calcite	−3.80	−12.28	−8.48	$CaCO_3$

CO_2(g)	−3.58	−21.73	−18.15	CO_2
Dolomite	−8.25	−25.34	−17.09	$CaMg(CO_3)_2$
Fluorite	−7.00	−17.60	−10.60	CaF_2
Gypsum	−4.99	−9.57	−4.58	$CaSO_4 \cdot 2H_2O$
H_2(g)	−22.00	−22.00	0.00	H_2
H_2O(g)	−1.51	−0.00	1.51	H_2O
Halite	−11.42	−9.84	1.58	NaCl
O_2(g)	−39.12	44.00	83.12	O_2

-- End of simulation --

4.1.2 习题

● 习题 1-1

配制 pH 值为 7,温度 25℃的含 130mg/L $CaCl_2$ 和 5μmol/L Na_2SO_4 的溶液,分析其化学组分形态。

● 习题 1-2

配制地下水化学组成特点如下:温度 22.3℃,pH 值 6.7,pe 值 6.9,Ca^{2+} 30.07mg/L,Mg^{2+} 10.01mg/L,K^+ 3.0mg/L,Na^+ 33.2mg/L,Cl^- 136.2mg/L,分析各化学组分的存在形态及比例。

● 习题 1-3

含 Cd 地下水化学组成特点如下:温度 22.3℃,pH 值 6.7,pe 值 6.9,Ca^{2+} 30.07mg/L,Mg^{2+} 10.01mg/L,K^+ 3.0mg/L,Na^+ 33.2mg/L,Cd 0.2mg/L,Cl^- 136.2mg/L,试分析有毒元素铬在地下水中存在的形态及所占比例;并比较分析习题 1-2 和习题 1-3 中各元素存在的形态有何差异及形成这种差异的原因。

实验二　地下水-矿物溶解实验

4.2.1　案例分析

例 2-1　方解石的饱和溶解

模拟计算温度 25℃时，pH 值为 7 的纯水与方解石溶解至饱和，并分析所得溶液的水化学特征(表 4-2-1)。

表 4-2-1　例 2-1 上机程序及说明

程序		说明
Solution 1		溶液 1
temp	25	水温 25℃
pH	7	pH 值为 7
pe	4	pe 值 4
redox	pe	溶液氧化还原状态以 pe 值表示
units	mmol/kgw	化学组分单位，mmol/L
density	1	溶液密度 1kg/L
—water	1#kg	水溶液质量 1kg
EQUILIBRIUM_PHASES 1		定义平衡相
Calcite	0 10	方解石，SI 为 0，最大可用量 10mol
END		程序结束

程序运行结果说明：

```
-----------------------------------
Beginning of initial Solution calculations(开始模拟计算)
-----------------------------------
Initial Solution 1(初始溶液 1)
---------------------------------- Solution composition(溶液元素组成) ----------------------------------
Elements          Molality          Moles
Pure water
---------------------------------- Description of Solution(溶液基本化学特征) ----------------------------------
(略)
---------------------------------- Distribution of species(溶液元素形态) ----------------------------------
(略)
-----------------------------------
```

Beginning of batch - reaction calculations(批反应计算开始)

Reaction step 1(反应 1)

Using Solution 1(调用溶液 1)

Using pure phase assemblage 1(调用纯反应相 1)

------------------------------------ Phase assemblage(反应相) ------------------------------------

				Moles in assemblage		
Phase	SI	logIAP	logKT	Initial	Final	Delta
Calcite	0.00	−8.48	−8.48	1.000e+001	1.000e+001	−1.227e−004

------------------------------------ Solution composition(溶液元素组成) ------------------------------------

Elements	Molality	Moles
C	1.227e−004	1.227e−004
Ca	1.227e−004	1.227e−004

------------------------------------ Description of Solution(溶液基本化学特征) ------------------------------------

(略)

------------------------------------ Distribution of species(溶液元素形态) ------------------------------------

Species	Molality	Activity	log Molality	log Activity	log Gamma
C(−4)	2.013e−028				
CH_4	2.013e−028	2.013e−028	−27.696	−27.696	0.000
C(4)	1.227e−004				
HCO_3^-	8.315e−005	8.132e−005	−4.080	−4.090	−0.010
CO_3^{2-}	3.386e−005	3.098e−005	−4.470	−4.509	−0.039
$CaCO_3$	5.549e−006	5.550e−006	−5.256	−5.256	0.000
$CaHCO_3^+$	1.134e−007	1.109e−007	−6.945	−6.955	−0.010
CO_2	2.251e−008	2.251e−008	−7.648	−7.648	0.000
Ca	1.227e−004				
Ca^{2+}	1.169e−004	1.069e−004	−3.932	−3.971	−0.039
$CaCO_3$	5.549e−006	5.550e−006	−5.256	−5.256	0.000
$CaOH^+$	1.474e−007	1.442e−007	−6.831	−6.841	−0.010
$CaHCO_3^+$	1.134e−007	1.109e−007	−6.945	−6.955	−0.010

------------------------------------ Saturation indices(矿物相饱和指数) ------------------------------------

Phase	SI	logIAP	logKT	
Aragonite	−0.14	−8.48	−8.34	$CaCO_3$
Calcite	0.00	−8.48	−8.48	$CaCO_3$
CH_4(g)	−24.84	−68.77	−43.93	CH_4
CO_2(g)	−6.18	−24.33	−18.15	CO_2
H_2(g)	−11.11	−11.11	0.00	H_2

$H_2O(g)$	−1.51	−0.00	1.51	H_2O
$O_2(g)$	−60.90	22.22	83.12	O_2
Portlandite	−6.95	15.85	22.80	$Ca(OH)_2$

………… End of simulation(模拟结束)…………

例 2－2　不同温度下矿物的溶解

模拟计算不同温度下，pH 值为 7 的地下水溶液与方解石发生溶解作用，分析不同温度下方解石溶解度和所得溶液的化学组分变化特征(表 4－2－2、表 4－2－3)。

表 4－2－2　例 2－2 上机程序及说明

程序		说明
Solution 2		溶液 2
temp	25	水温 25℃
pH	7	pH 值为 7
pe	4	pe 值 4
redox	pe	溶液氧化还原状态以 pe 值表示
units	mmol/kgw	化学组分单位，mmol/L
density	1	溶液密度 1kg/L
—water	1＃kg	水溶液质量 1kg
EQUILIBRIUM_PHASES 1		定义平衡相
Calcite	0 10	方解石，SI 为 0，最大可用量 10mol
REACTION_TEMPERATURE 1		定义反应温度
5 75 in 15 steps		由 5℃上升至 75℃，分 15 步完成
END		程序结束

表 4－2－3　不同温度下溶解平衡时溶液水化学组分(mol/L)和方解石溶解量(mol)

temp	pH	pe	Ca	m_CaOH^+	$m\_CaHCO_3^+$	m_CaCO_3	m_Ca^{2+}	d_Calcite(mol)
5	10.45	−4.86	1.07e−04	4.56e−07	4.08e−08	5.41e−06	1.01e−04	−1.07e−04
10	10.31	−4.72	1.11e−04	3.36e−07	5.52e−08	5.30e−06	1.05e−04	−1.11e−04
15	10.17	−4.59	1.14e−04	2.52e−07	7.23e−08	5.30e−06	1.09e−04	−1.14e−04
20	10.04	−4.47	1.18e−04	1.91e−07	9.18e−08	5.39e−06	1.13e−04	−1.18e−04
25	9.91	−4.35	1.23e−04	1.47e−07	1.13e−07	5.55e−06	1.17e−04	−1.23e−04
30	9.79	−4.24	1.27e−04	1.15e−07	1.37e−07	5.77e−06	1.21e−04	−1.27e−04
35	9.67	−4.13	1.32e−04	9.08e−08	1.62e−07	6.05e−06	1.25e−04	−1.32e−04
40	9.56	−4.03	1.37e−04	7.24e−08	1.88e−07	6.36e−06	1.30e−04	−1.37e−04
45	9.44	−3.93	1.41e−04	5.83e−08	2.15e−07	6.71e−06	1.34e−04	−1.41e−04
50	9.34	−3.83	1.46e−04	4.73e−08	2.43e−07	7.07e−06	1.39e−04	−1.46e−04
55	9.24	−3.75	1.51e−04	3.87e−08	2.71e−07	7.42e−06	1.43e−04	−1.51e−04
60	9.14	−3.66	1.56e−04	3.19e−08	3.01e−07	7.76e−06	1.48e−04	−1.56e−04
65	9.05	−3.58	1.60e−04	2.64e−08	3.30e−07	8.07e−06	1.52e−04	−1.60e−04
70	8.96	−3.49	1.65e−04	2.20e−08	3.61e−07	8.33e−06	1.56e−04	−1.65e−04
75	8.88	−3.42	1.69e−04	1.84e−08	3.93e−07	8.51e−06	1.60e−04	−1.69e−04

4.2.2 习题

● 习题 2-1

假定有含 Na^+ 和 Cl^- 浓度分别为 10μmol/L 的地下水，流经方解石含水层，试计算所得地下水的化学组分。

● 习题 2-2

假定有 pH 值为 7，pe 值为 4 的纯水溶液，当其流经由方解石和白云石共同构建的含水介质时，可达到溶解平衡。试绘制不同温度下(5～75℃)含水层介质中方解石和白云石的溶解度曲线，分析化学组分变化特征。

● 习题 2-3

试通过计算说明浓度为 0,10,20,50,100, 200μmol/L 的 $CaCl_2$ 溶液对方解石溶解的影响。

● 习题 2-4

假定有 Na^+ 和 Cl^- 含量分别为 0,0.01,0.1,1,5,10mol/L 的地下水，试分析当其流经方解石含水层时，对方解石溶解度有何影响？

● 习题 2-5

复杂沉积系统中地下水化学成分的形成与演变。

模拟计算 18℃下，初始 pH 值为 7 的地下水(假定初始组分为纯水)顺序流经灰岩、石膏和砂岩(砂岩矿物相以钾长石为主)含水层时，地下水水化学类型和水化学特征的演变。

实验三　地下水混合实验

4.3.1　案例分析

例 3－1　淡水与咸水的混合

将淡水与含 10μmol/L Na^{+}和 Cl^{-}的咸水溶液以 1∶1 混合(表 4－3－1)。

表 4－3－1　例 3－1 上机程序及说明

程序		说明
Solution 1		溶液 1
temp	25	水温 25℃
pH	7	pH 值为 7
pe	4	pe 值 4
redox	pe	溶液氧化还原状态以 pe 值表示
units	mmol/kgw	化学组分单位,mmol/kg 水
density	1	溶液密度 1kg/L
－water	1＃kg	溶液水质量 1kg
Solution 2		溶液 2
temp	25	水温 25℃
pH	7	pH 值为 7
pe	4	pe 值 4
redox	pe	溶液氧化还原状态以 pe 值表示
units	μmol/L	化学组分单位,mmol/kg 水
density	1	溶液密度 1kg/L
Na^{+}	10	Na^{+}含量 10μmol/L
Cl^{-}	10	Cl^{-}含量 10μmol/L
－water	1＃kg	溶液水质量 1kg
MIX 1		定义溶液混合
1	1	溶液 1 和溶液 2 混合,混合比 1∶1
2	1	
END		程序结束

程序运行结果说明:

Initial Solution 1(初始溶液 1,纯水溶液)

------------------ Solution composition(溶液元素组成) ------------------

Elements　　　Molality　　　Moles

Pure water

------------------ Description of Solution(溶液基本化学特征) ------------------

(略)

Initial Solution 2(初始溶液 2,咸水溶液)

------------------ Solution composition(溶液元素组成) ------------------

Elements　　　Molality　　　Moles

Cl^-	1.000e−005	1.000e−005
Na^+	1.000e−005	1.000e−005

------------ Description of Solution(溶液基本化学特征) ------------

(略)

------------ Distribution of species(溶液元素形态) ------------

Species	Molality	Activity	log Molality	log Activity	log Gamma
Cl	1.000e−005				
Cl^-	1.000e−005	9.963e−006	−5.000	−5.002	−0.002
Na	1.000e−005				
Na^+	1.000e−005	9.963e−006	−5.000	−5.002	−0.002

------------ Saturation indices(矿物相饱和指数) ------------

Phase	SI	logIAP	logKT	
$H_2(g)$	−22.00	−22.00	0.00	H_2
$H_2O(g)$	−1.51	−0.00	1.51	H_2O
Halite	−11.59	−10.00	1.58	NaCl
$O_2(g)$	−39.12	44.00	83.12	O_2

------------ Beginning of batch - reaction calculations ------------

Reaction step 1(反应 1)

Using mix 1(调用混合反应)

Mixture 1(混合比 1∶1)

1.000e+000 Solution 1

1.000e+000 Solution 2

------------ Solution composition(混合溶液元素组成) ------------

Elements	Molality	Moles
Cl^-	5.000e−006	1.000e−005
Na^+	5.000e−006	1.000e−005

------------ Description of Solution(混合溶液基本化学特征) ------------

pH = 7.000 Charge balance

pe = −1.251 Adjusted to redox equilibrium

Activity of water = 1.000

Ionic strength = 5.100e−006

Mass of water (kg) = 2.000e+000

Total alkalinity (eq/kg) = 1.093e−010

Total carbon (mol/kg) = 0.000e+000

Total CO_2 (mol/kg) = 0.000e+000

Temperature (deg C) = 25.000

Electrical balance (eq) = −2.186e−010

Percent error, 100 * (Cat−|An|)/(Cat+|An|) = −0.00

Iterations = 8

Total H = 2.220249e+002

Total O = 1.110124e+002

------------ Distribution of species(混合溶液元素形态) ------------

Species	Molality	Activity	log Molality	log Activity	log Gamma
Cl	5.000e−006				
Cl^-	5.000e−006	4.987e−006	−5.301	−5.302	−0.001
Na	5.000e−006				
Na^+	5.000e−006	4.987e−006	−5.301	−5.302	−0.001

------------ Saturation indices(矿物相饱和指数) ------------

Phase	SI	logIAP	logKT	
H_2(g)	−11.50	−11.50	0.00	H_2
H_2O(g)	−1.51	−0.00	1.51	H_2O
Halite	−12.19	−10.60	1.58	NaCl
O_2(g)	−60.12	23.00	83.12	O_2

------------ End of simulation(模拟计算结束) ------------

例 3-2 岩溶水与孔隙水的混合

假定在某岩溶区存在浅层孔隙地下水入渗补给岩溶水现象，且补给比例为 1∶1。试计算混合后所得地下水的水化学组分特征。岩溶水及孔隙水水化学组分特征见表 4-3-2。

表 4-3-2 例 3-2 上机程序及说明

程序		说明	
Solution 1	#(岩溶水)	Solution 2	#(孔隙水)
temp	18	temp	20
pH	7.48	pH	7.54
pe	4	pe	4
redox	pe	redox	pe
units	mg/kgw	units	μmol/L
density	1	density	1
K^+	3.99	K^+	5.43
Na^+	68.34	Na^+	80.01
Ca^{2+}	180.3	Ca^{2+}	40.5
Mg^{2+}	29.1	Mg^{2+}	31.88
Cl^-	53.8	Cl^-	22.3
S(6)	306.8	S(6)	19.2
Alkalinity	308.1	Alkalinity	185.5
−water	1#kg	−water	1#kg
MIX 1		定义溶液混合	
1　1		溶液 1 和溶液 2 混合，混合比 1∶1	
2　1			
END		程序结束	

程序运行结果说明：

……………………Beginning of initial Solution calculations(开始)……………………

Initial Solution 1.(溶液 1)(岩溶水)

……………………Solution composition ……………………

(略)

……………………Distribution of species(元素形态分布)……………………

Species	Molality	Activity	log Molality	log Activity	log Gamma
OH^-	2.007e−007	1.744e−007	−6.698	−6.758	−0.061
H^+	3.715e−008	3.311e−008	−7.430	−7.480	−0.050
H_2O	5.551e+001	9.997e−001	1.744	−0.000	0.000
C(4)	6.546e−003				
HCO_3^-	5.892e−003	5.172e−003	−2.230	−2.286	−0.057
CO_2	4.242e−004	4.262e−004	−3.372	−3.370	0.002
$CaHCO_3^+$	1.475e−004	1.295e−004	−3.831	−3.888	−0.057
$MgHCO_3^+$	4.012e−005	3.503e−005	−4.397	−4.456	−0.059
$CaCO_3$	2.065e−005	2.074e−005	−4.685	−4.683	0.002
CO_3^{2-}	1.057e−005	6.277e−006	−4.976	−5.202	−0.226
$NaHCO_3$	7.457e−006	7.491e−006	−5.127	−5.125	0.002
$MgCO_3$	3.181e−006	3.195e−006	−5.497	−5.495	0.002
$NaCO_3^-$	2.402e−007	2.097e−007	−6.619	−6.678	−0.059
Ca	4.499e−003				
Ca^{2+}	3.743e−003	2.222e−003	−2.427	−2.653	−0.226
$CaSO_4$	5.877e−004	5.904e−004	−3.231	−3.229	0.002
$CaHCO_3^+$	1.475e−004	1.295e−004	−3.831	−3.888	−0.057
$CaCO_3$	2.065e−005	2.074e−005	−4.685	−4.683	0.002
$CaOH^+$	1.275e−008	1.113e−008	−7.894	−7.953	−0.059
$CaHSO_4^+$	1.209e−010	1.056e−010	−9.917	−9.976	−0.059
Cl	1.518e−003				
Cl^-	1.518e−003	1.320e−003	−2.819	−2.879	−0.061
H(0)	1.660e−026				
H_2	8.299e−027	8.337e−027	−26.081	−26.079	0.002
K	1.020e−004				
K^+	1.012e−004	8.799e−005	−3.995	−4.056	−0.061
KSO_4^-	8.898e−007	7.769e−007	−6.051	−6.110	−0.059
KOH	9.169e−012	9.211e−012	−11.038	−11.036	0.002
Mg	1.197e−003				

Mg^{2+}	9.895e−004	5.941e−004	−3.005	−3.226	−0.222
$MgSO_4$	1.641e−004	1.649e−004	−3.785	−3.783	0.002
$MgHCO_3^+$	4.012e−005	3.503e−005	−4.397	−4.456	−0.059
$MgCO_3$	3.181e−006	3.195e−006	−5.497	−5.495	0.002
$MgOH^+$	3.904e−008	3.409e−008	−7.408	−7.467	−0.059
Na	2.973e−003				
Na^+	2.945e−003	2.576e−003	−2.531	−2.589	−0.058
$NaSO_4^-$	2.012e−005	1.756e−005	−4.696	−4.755	−0.059
$NaHCO_3$	7.457e−006	7.491e−006	−5.127	−5.125	0.002
$NaCO_3^-$	2.402e−007	2.097e−007	−6.619	−6.678	−0.059
NaOH	5.114e−010	5.137e−010	−9.291	−9.289	0.002
O(0)	0.000e+000				
O_2	0.000e+000	0.000e+000	−42.538	−42.536	0.002
S(6)	3.194e−003				
SO_4^{2-}	2.421e−003	1.424e−003	−2.616	−2.847	−0.230
$CaSO_4$	5.877e−004	5.904e−004	−3.231	−3.229	0.002
$MgSO_4$	1.641e−004	1.649e−004	−3.785	−3.783	0.002
$NaSO_4^-$	2.012e−005	1.756e−005	−4.696	−4.755	−0.059
KSO_4^-	8.898e−007	7.769e−007	−6.051	−6.110	−0.059
HSO_4^-	4.527e−009	3.953e−009	−8.344	−8.403	−0.059
$CaHSO_4^+$	1.209e−010	1.056e−010	−9.917	−9.976	−0.059

------------------------------ Saturation indices(矿物相饱和指数) ------------------------------

Phase	SI	logIAP	logKT	
Anhydrite	−1.16	−5.50	−4.34	$CaSO_4$
Aragonite	0.44	−7.86	−8.29	$CaCO_3$
Calcite	0.59	−7.86	−8.44	$CaCO_3$
$CO_2(g)$	−1.99	−20.16	−18.17	CO_2
Dolomite	0.64	−16.28	−16.92	$CaMg(CO_3)_2$
Gypsum	−0.92	−5.50	−4.58	$CaSO_4 \cdot 2H_2O$
$H_2(g)$	−22.96	−22.96	0.00	H_2
$H_2O(g)$	−1.70	−0.00	1.70	H_2O
Halite	−7.03	−5.47	1.57	NaCl
$O_2(g)$	−39.61	45.92	85.53	O_2

Initial Solution 2 溶液 2(孔隙水)

------------------------------ Solution composition(溶液组分) ------------------------------

(略)

------------------------------ Distribution of species(元素形态分布) ------------------------------

Species	Molality	Activity	log Molality	log Activity	log Gamma
OH^-	2.403e−007	2.354e−007	−6.619	−6.628	−0.009
H^+	2.942e−008	2.884e−008	−7.531	−7.540	−0.009
H_2O	5.551e+001	1.000e+000	1.744	−0.000	0.000
C(4)	1.975e−004				
HCO_3^-	1.845e−004	1.808e−004	−3.734	−3.743	−0.009
CO_2	1.256e−005	1.256e−005	−4.901	−4.901	0.000
CO_3^{2-}	2.865e−007	2.640e−007	−6.543	−6.578	−0.035
$CaHCO_3^+$	8.027e−008	7.865e−008	−7.095	−7.104	−0.009
$MgHCO_3^+$	6.188e−008	6.061e−008	−7.208	−7.217	−0.009
$CaCO_3$	1.503e−008	1.503e−008	−7.823	−7.823	0.000
$NaHCO_3$	7.967e−009	7.967e−009	−8.099	−8.099	0.000
$MgCO_3$	6.817e−009	6.818e−009	−8.166	−8.166	0.000
$NaCO_3^-$	3.043e−010	2.981e−010	−9.517	−9.526	−0.009
Ca	4.050e−005				
Ca^{2+}	4.028e−005	3.712e−005	−4.395	−4.430	−0.036
$CaSO_4$	1.234e−007	1.234e−007	−6.909	−6.909	0.000
$CaHCO_3^+$	8.027e−008	7.865e−008	−7.095	−7.104	−0.009
$CaCO_3$	1.503e−008	1.503e−008	−7.823	−7.823	0.000
$CaOH^+$	2.180e−010	2.136e−010	−9.661	−9.670	−0.009
$CaHSO_4^+$	2.006e−014	1.965e−014	−13.698	−13.707	−0.009
Cl	2.230e−005				
Cl^-	2.230e−005	2.184e−005	−4.652	−4.661	−0.009
H(0)	1.239e−026				
H_2	6.194e−027	6.194e−027	−26.208	−26.208	0.000
K	5.430e−006				
K^+	5.429e−006	5.319e−006	−5.265	−5.274	−0.009
KSO_4^-	6.099e−010	5.975e−010	−9.215	−9.224	−0.009
KOH	6.394e−013	6.394e−013	−12.194	−12.194	0.000
Mg	3.188e−005				
Mg^{2+}	3.170e−005	2.922e−005	−4.499	−4.534	−0.035
$MgSO_4$	1.050e−007	1.050e−007	−6.979	−6.979	0.000
$MgHCO_3^+$	6.188e−008	6.061e−008	−7.208	−7.217	−0.009
$MgCO_3$	6.817e−009	6.818e−009	−8.166	−8.166	0.000
$MgOH^+$	2.373e−009	2.324e−009	−8.625	−8.634	−0.009
Na	8.001e−005				

Na^+	8.000e−005	7.837e−005	−4.097	−4.106	−0.009
$NaHCO_3$	7.967e−009	7.967e−009	−8.099	−8.099	0.000
$NaSO_4^-$	6.783e−009	6.645e−009	−8.169	−8.178	−0.009
$NaCO_3^-$	3.043e−010	2.981e−010	−9.517	−9.526	−0.009
NaOH	1.795e−011	1.795e−011	−10.746	−10.746	0.000
O(0)	0.000e+000				
O_2	0.000e+000	0.000e+000	−41.605	−41.605	0.000
S(6)	1.920e−005				
SO_4^{2-}	1.896e−005	1.747e−005	−4.722	−4.758	−0.036
$CaSO_4$	1.234e−007	1.234e−007	−6.909	−6.909	0.000
$MgSO_4$	1.050e−007	1.050e−007	−6.979	−6.979	0.000
$NaSO_4^-$	6.783e−009	6.645e−009	−8.169	−8.178	−0.009
KSO_4^-	6.099e−010	5.975e−010	−9.215	−9.224	−0.009
HSO_4^-	4.494e−011	4.403e−011	−10.347	−10.356	−0.009
$CaHSO_4^+$	2.006e−014	1.965e−014	−13.698	−13.707	−0.009

------------ Saturation indices(饱和指数) ------------

Phase	SI	logIAP	logKT	
Anhydrite	−4.84	−9.19	−4.34	$CaSO_4$
Aragonite	−2.70	−11.01	−8.31	$CaCO_3$
Calcite	−2.56	−11.01	−8.45	$CaCO_3$
CO_2(g)	−3.49	−21.66	−18.16	CO_2
Dolomite	−5.15	−22.12	−16.97	$CaMg(CO_3)_2$
Gypsum	−4.61	−9.19	−4.58	$CaSO_4 \cdot 2H_2O$
H_2(g)	−23.08	−23.08	0.00	H_2
H_2O(g)	−1.64	−0.00	1.64	H_2O
Halite	−10.34	−8.77	1.57	NaCl
O_2(g)	−38.67	46.16	84.83	O_2

------------ Beginning of batch - reaction calculations(开始批反应计算) ------------

Reaction step 1(反应 1)

Using mix 1(调用混合反应 1)

Mixture 1(混合反应 1,混合比例 1∶1)

1.000e+000 Solution 1　溶液 1(岩溶水)

1.000e+000 Solution 2　溶液 2(孔隙水)

------------ Solution composition(混合元素) ------------

Elements	Molality	Moles
C	3.372e−003	6.743e−003
Ca^{2+}	2.270e−003	4.539e−003

Cl^-	7.699e−004	1.540e−003
K^+	5.374e−005	1.075e−004
Mg^{2+}	6.144e−004	1.229e−003
Na^+	1.526e−003	3.053e−003
S	1.606e−003	3.213e−003

------------ Description of Solution(混合溶液基本化学特征) ------------

pH = 7.501 Charge balance

pe = −1.886 Adjusted to redox equilibrium

Activity of water = 1.000

Ionic strength = 1.045e−002

Mass of water (kg) = 2.000e+000

Total alkalinity (eq/kg) = 3.171e−003

Total CO_2(mol/kg) = 3.372e−003

Temperature (deg C) = 19.000

Electrical balance (eq) = 3.882e−004

Percent error，100 * (Cat−|An|)/(Cat+|An|) = 1.47

Iterations = 13

Total H = 2.220311e+002

Total O = 1.110451e+002

------------ Distribution of species(元素形态分布) ------------

Species	Molality	Activity	log Molality	log Activity	log Gamma
OH^-	2.206e−007	1.984e−007	−6.656	−6.703	−0.046
H^+	3.460e−008	3.158e−008	−7.461	−7.501	−0.040
H_2O	5.551e+001	9.998e−001	1.744	−0.000	0.000
C(−4)	4.269e−024				
CH_4	4.269e−024	4.279e−024	−23.370	−23.369	0.001
C(4)	3.372e−003				
HCO_3^-	3.081e−003	2.786e−003	−2.511	−2.555	−0.044
CO_2	2.149e−004	2.154e−004	−3.668	−3.667	0.001
$CaHCO_3^+$	4.724e−005	4.272e−005	−4.326	−4.369	−0.044
$MgHCO_3^+$	1.278e−005	1.152e−005	−4.893	−4.939	−0.045
$CaCO_3$	7.291e−006	7.308e−006	−5.137	−5.136	0.001
CO_3^{2-}	5.427e−006	3.630e−006	−5.265	−5.440	−0.175
$NaHCO_3$	2.140e−006	2.145e−006	−5.670	−5.669	0.001
$MgCO_3$	1.139e−006	1.142e−006	−5.943	−5.942	0.001
$NaCO_3^-$	7.541e−008	6.796e−008	−7.123	−7.168	−0.045
Ca	2.270e−003				

Ca^{2+}	1.995e−003	1.334e−003	−2.700	−2.875	−0.175
$CaSO_4$	2.196e−004	2.201e−004	−3.658	−3.657	0.001
$CaHCO_3^+$	4.724e−005	4.272e−005	−4.326	−4.369	−0.044
$CaCO_3$	7.291e−006	7.308e−006	−5.137	−5.136	0.001
$CaOH^+$	7.775e−009	7.007e−009	−8.109	−8.154	−0.045
$CaHSO_4^+$	4.213e−011	3.796e−011	−10.375	−10.421	−0.045
Cl	7.699e−004				
Cl^-	7.699e−004	6.925e−004	−3.114	−3.160	−0.046
H(0)	8.853e−015				
H_2	4.426e−015	4.437e−015	−14.354	−14.353	0.001
K	5.374e−005				
K^+	5.344e−005	4.807e−005	−4.272	−4.318	−0.046
KSO_4^-	2.950e−007	2.659e−007	−6.530	−6.575	−0.045
KOH	5.263e−012	5.276e−012	−11.279	−11.278	0.001
Mg	6.144e−004				
Mg^{2+}	5.372e−004	3.615e−004	−3.270	−3.442	−0.172
$MgSO_4$	6.324e−005	6.339e−005	−4.199	−4.198	0.001
$MgHCO_3^+$	1.278e−005	1.152e−005	−4.893	−4.939	−0.045
$MgCO_3$	1.139e−006	1.142e−006	−5.943	−5.942	0.001
$MgOH^+$	2.652e−008	2.390e−008	−7.576	−7.622	−0.045
Na	1.526e−003				
Na^+	1.518e−003	1.369e−003	−2.819	−2.864	−0.045
$NaSO_4^-$	6.416e−006	5.782e−006	−5.193	−5.238	−0.045
$NaHCO_3$	2.140e−006	2.145e−006	−5.670	−5.669	0.001
$NaCO_3^-$	7.541e−008	6.796e−008	−7.123	−7.168	−0.045
NaOH	2.857e−010	2.864e−010	−9.544	−9.543	0.001
O(0)	0.000e+000				
O_2	0.000e+000	0.000e+000	−65.651	−65.650	0.001
S(−2)	1.738e−021				
HS^-	1.337e−021	1.202e−021	−20.874	−20.920	−0.046
H_2S	4.007e−022	4.017e−022	−21.397	−21.396	0.001
S^{2-}	4.540e−027	3.022e−027	−26.343	−26.520	−0.177
S(6)	1.606e−003				
SO_4^{2-}	1.317e−003	8.759e−004	−2.880	−3.058	−0.177
$CaSO_4$	2.196e−004	2.201e−004	−3.658	−3.657	0.001
$MgSO_4$	6.324e−005	6.339e−005	−4.199	−4.198	0.001
$NaSO_4^-$	6.416e−006	5.782e−006	−5.193	−5.238	−0.045

KSO_4^-	2.950e−007	2.659e−007	−6.530	−6.575	−0.045
HSO_4^-	2.627e−009	2.367e−009	−8.581	−8.626	−0.045
$CaHSO_4^+$	4.213e−011	3.796e−011	−10.375	−10.421	−0.045

---------- Saturation indices(饱和指数) ----------

Phase	SI	logIAP	logKT	
Anhydrite	−1.59	−5.93	−4.34	$CaSO_4$
Aragonite	−0.01	−8.32	−8.30	$CaCO_3$
Calcite	0.13	−8.32	−8.45	$CaCO_3$
CH_4(g)	−20.56	−65.36	−44.80	CH_4
CO_2(g)	−2.27	−20.44	−18.17	CO_2
Dolomite	−0.25	−17.20	−16.95	$CaMg(CO_3)_2$
Gypsum	−1.35	−5.93	−4.58	$CaSO_4 \cdot 2H_2O$
H_2(g)	−11.23	−11.23	0.00	H_2
H_2O(g)	−1.67	−0.00	1.67	H_2O
H_2S(g)	−20.47	−62.98	−42.51	H_2S
Halite	−7.59	−6.02	1.57	NaCl
O_2(g)	−62.72	22.46	85.18	O_2
Sulfur	−15.19	−51.75	−36.55	S

---------- End of simulation ----------

4.3.2 习题

● 习题3-1

等体积的方解石饱和溶液和石膏饱和溶液混合，会发生什么现象？试计算所得溶液的化学组分，分析混合过程中矿物的溶解和沉淀。

提示：首先配制方解石和石膏饱和溶液，然后再混合上述溶液。

● 习题3-2

当习题3-1中方解石饱和溶液和石膏饱和溶液以1∶4和4∶1比例混合时，会发生什么现象？试计算所得溶液的化学组分，并分析混合过程中矿物的溶解和沉淀。

● 习题3-3

等体积的饱和白云石溶液和饱和方解石溶液混合会发生什么现象？试列出所得溶液的化学组分，分析混合过程中矿物的溶解和沉淀行为。

● 习题3-4

海水和浅层地下水的化学组分数值如表4-3-3、表4-3-4所示，试计算不同入侵程度下地下水的化学组分，分析混合过程中发生的地下水水化学现象(注：入侵程度以百分比计，分别设定为10%、20%、50%和80%)。

表 4-3-3　海水化学组分表(单位:mg/L)

pH	8.22	Si	4.28
pe	8.45	Cl	19353.0
密度(kg/L)	1.023	HCO_3^-	141.682
水温(℃)	25.0	SO_4^{2-}	2712.0
Ca	412.3	Na	10768.0
Mg	1291.8	K	399.1

表 4-3-4　浅层地下水化学组分数值表(单位:mg/L)

pH	7.5	Si	2.28
密度(kg/L)	1.0	Cl	53.0
水温(℃)	25.0	HCO_3^-	341.6
pe	4.45	SO_4^{2-}	72.0
Ca	40.3	Na	68.0
Mg	40.1	K	9.1

实验四　地下水蒸发浓缩作用

4.4.1　案例分析

例 4－1　地下水蒸发浓缩作用

蒸发浓缩作用是地下水在蒸发排泄条件下，水分不断失去，盐分不断富集，地下水化学组分变化的过程。本例中我们将模拟计算当地下水蒸发达到 30％时，地下水中各水化学组分变化状态。为了更清楚地分析水化学变化，假定蒸发作用分 10 步完成(表 4－4－1)。

表 4－4－1　例 4－2 程序及说明

程序		说明
temp	18	水温 18℃
pH	7.20	pH 值为 7.20
units	mmol/L	化学组分单位，mmol/L
density	1	溶液密度 1kg/L
Na^+	0.5	Na^+ 含量
Cl^-	0.7	Cl^- 含量
Ca^{2+}	0.1	Ca^{2+} 含量
Mg^{2+}	0.2	Mg^{2+} 含量
K^+	0.1	K^+ 含量
S(6)	0.25	SO_4^{2-} 含量
－water	1＃kg	溶液质量 1kg
REACTION 1		反应 1
$H_2O(g)$ －1		蒸发浓缩作用，水的热力学反应系数为－1
16.653 moles in 10 steps		水量浓缩为 30％，分 10 步反应完成
END		程序结束

程序运行结果说明：

Beginning of initial Solution calculations(开始模拟计算)

Initial Solution 1(初始溶液 1)

-------------------------------- Solution composition(溶液组成) --------------------------------

Elements　　Molality　　Moles

Ca^{2+}	1.000e−004	1.000e−004
Cl^-	7.001e−004	7.001e−004
K^+	1.000e−004	1.000e−004
Mg^{2+}	2.000e−004	2.000e−004
Na^+	5.000e−004	5.000e−004
S(6)	2.500e−004	2.500e−004

---------- Description of Solution(溶液基本特征) ----------

(略)

---------- Distribution of species(元素形态) ----------

(略)

---------- Saturation indices(饱和指数) ----------

Phase	SI	logIAP	logKT	
Anhydrite	−3.45	−7.79	−4.34	$CaSO_4$
Gypsum	−3.21	−7.79	−4.58	$CaSO_4 \cdot 2H_2O$
$H_2(g)$	−22.40	−22.40	0.00	H_2
$H_2O(g)$	−1.70	−0.00	1.70	H_2O
Halite	−8.06	−6.50	1.57	NaCl
$O_2(g)$	−40.73	44.80	85.53	O_2

Beginning of batch - reaction calculations(开始蒸发模拟)

Reaction step 1(第一步蒸发,需蒸发掉3%的溶液)

Using Solution 1(调用初始溶液1)

Using reaction 1(调用蒸发反应1)

Reaction 1. Irreversible reaction defined in simulation 1.

1.665e+000 moles of the following reaction have been added:

Reactant(反应物)	Relative moles(相对摩尔数)
$H_2O(g)$	−1.00

Element(参与反应的元素)	Relative moles(摩尔数)
H	−2.00
O	−1.00

---------- Solution composition(生成溶液的组分,注意浓度变化) ----------

Elements	Molality	Moles
Ca^{2+}	1.031e−004	1.000e−004
Cl^-	7.217e−004	7.001e−004
K^+	1.031e−004	1.000e−004
Mg^{2+}	2.062e−004	2.000e−004
Na^+	5.155e−004	5.000e−004

S	2.578e−004	2.500e−004

------------------ Description of Solution ------------------

（略）

------------------ Saturation indices（矿物相饱和指数，观察其变化）------------------

Phase	SI	logIAP	logKT	
Anhydrite	−3.43	−7.77	−4.34	$CaSO_4$
Gypsum	−3.18	−7.77	−4.58	$CaSO_4 \cdot 2H_2O$
H_2(g)	−37.36	−37.36	0.00	H_2
H_2O(g)	−1.70	−0.00	1.70	H_2O
H_2S(g)	−124.85	−167.52	−42.67	H_2S
Halite	−8.04	−6.47	1.57	NaCl
O_2(g)	−10.82	74.71	85.53	O_2
Sulfur	−93.46	−130.16	−36.70	S

Reaction step 2（第二步蒸发，此时需蒸发原溶液的 6%）

Using Solution 1.

Using reaction 1.

Reaction 1. Irreversible reaction defined in simulation 1.

3.331e+000 moles of the following reaction have been added:

Reactant	Relative moles
H_2O(g)	−1.00

Element	Relative Moles
H	−2.00
O	−1.00

------------------ Solution composition（生成溶液的组分，注意浓度变化）------------------

Elements	Molality	Moles
Ca^{2+}	1.064e−004	1.000e−004
Cl^-	7.447e−004	7.001e−004
K^+	1.064e−004	1.000e−004
Mg^{2+}	2.128e−004	2.000e−004
Na^+	5.320e−004	5.000e−004
S	2.660e−004	2.500e−004

------------------ Description of Solution（溶液基本特征）------------------

（略）

------------------ Saturation indices（矿物相饱和指数，观察其变化）------------------

Phase	SI	logIAP	logKT	
Anhydrite	−3.40	−7.74	−4.34	$CaSO_4$

Gypsum	−3.16	−7.74	−4.58	$CaSO_4 \cdot 2H_2O$
$H_2(g)$	−37.36	−37.36	0.00	H_2
$H_2O(g)$	−1.70	−0.00	1.70	H_2O
$H_2S(g)$	−124.87	−167.53	−42.67	H_2S
Halite	−8.01	−6.44	1.57	NaCl
$O_2(g)$	−10.80	74.73	85.53	O_2
Sulfur	−93.47	−130.17	−36.70	S

Reaction step 3(第三步反应)

……

Reaction step 10.(第十步反应)

Using Solution 1.

Using reaction 1.

Reaction 1. Irreversible reaction defined in simulation 1.

1.665e+001 moles of the following reaction have been added:(此时蒸发作用是将初始溶液中30%的水,约16.65mol去掉)

Reactant	Relative moles
$H_2O(g)$	−1.00

Element	Relative Moles
H	−2.00
O	−1.00

Solution composition(生成溶液的组分,注意浓度变化)

Elements	Molality	Moles
Ca	1.429e−004	1.000e−004
Cl	1.000e−003	7.001e−004
K	1.429e−004	1.000e−004
Mg	2.857e−004	2.000e−004
Na	7.144e−004	5.000e−004
S	3.572e−004	2.500e−004

Description of Solution(溶液基本特征)

(略)

Saturation indices(矿物相饱和指数,观察其变化)

Phase	SI	logIAP	logKT	
Anhydrite	−3.18	−7.52	−4.34	$CaSO_4$
Gypsum	−2.93	−7.52	−4.58	$CaSO_4 \cdot 2H_2O$
$H_2(g)$	−37.21	−37.21	0.00	H_2
$H_2O(g)$	−1.70	−0.00	1.70	H_2O

$H_2S(g)$	−124.20	−166.86	−42.67	H_2S
Halite	−7.76	−6.19	1.57	NaCl
$O_2(g)$	−11.11	74.42	85.53	O_2
Sulfur	−92.95	−129.65	−36.70	S

....

End of simulation(模拟结束)

....

例 4－2　地下水中氟的浓缩富集

本例中我们将模拟计算当地下水蒸发达到 50％时，地下水中 F 的浓缩富集与赋存状态。假定蒸发作用分 5 步完成(表 4－4－2)。

表 4－4－2　例 4－2 程序及说明

程序		说明
temp	18	水温 18℃
pH	7.35	pH 值为 7.35
units	mmol/L	化学组分单位，mmol/L
density	1	溶液密度 1kg/L
Na^+	2.1	Na^+ 含量
Cl^-	1.8	Cl^- 含量
Ca^{2+}	1.0	Ca^{2+} 含量
Mg^{2+}	0.2	Mg^{2+} 含量
K^+	0.4	K^+ 含量
S(6)	0.3	SO_4^{2-} 含量
F^-	1.5mg/L	F^- 含量
Alkalinity	98.1mg/L	碱度
－water	1＃kg	溶液质量 1kg
REACTION 1		反应 1
$H_2O(g)-1$		蒸发浓缩作用，水的热力学反应系数为－1
27.755 moles in 5 steps		水量浓缩为 50％，分 5 步反应
END		程序结束

程序运行结果说明：

Initial Solution 1(初始溶液 1)

.... Solution composition(溶液组分及浓度) ....

Elements	Molality	Moles

Alkalinity	1.961e−003	1.961e−003
Ca^{2+}	1.000e−003	1.000e−003
Cl^-	1.801e−003	1.801e−003
F^-	7.898e−005	7.898e−005
K^+	4.001e−004	4.001e−004
Mg^{2+}	2.001e−004	2.001e−004
Na^+	2.101e−003	2.101e−003
S(6)	3.001e−004	3.001e−004

---------- Description of Solution(溶液基本化学性质) ----------

(略)

---------- Distribution of species(元素形态分布，观察变化) ----------

Species	Molality	Activity	log Molality	log Activity	log Gamma
F	7.898e−005				
F^-	7.786e−005	7.170e−005	−4.109	−4.144	−0.036
MgF^+	6.301e−007	5.810e−007	−6.201	−6.236	−0.035
CaF^+	3.999e−007	3.687e−007	−6.398	−6.433	−0.035
NaF	7.970e−008	7.981e−008	−7.099	−7.098	0.001
HF	4.236e−009	4.242e−009	−8.373	−8.372	0.001
HF_2^-	1.192e−012	1.099e−012	−11.924	−11.959	−0.035

---------- Saturation indices(矿物饱和指数，观察变化) ----------

Phase	SI	log IAP	log KT	
Anhydrite	−2.53	−6.87	−4.34	$CaSO_4$
Aragonite	−0.66	−8.95	−8.29	$CaCO_3$
Calcite	−0.51	−8.95	−8.44	$CaCO_3$
$CO_2(g)$	−2.32	−20.49	−18.17	CO_2
Dolomite	−1.68	−18.60	−16.92	$CaMg(CO_3)_2$
Fluorite	−0.76	−11.45	−10.69	CaF_2
Gypsum	−2.29	−6.87	−4.58	$CaSO_4 \cdot 2H_2O$
Halite	−7.06	−5.49	1.57	NaCl

Beginning of batch - reaction calculations(开始批反应)

Reaction step 1(第一步反应)

Using Solution 1(调用初始溶液)

Using reaction 1(调用蒸发反应)

Reaction 1. Irreversible reaction defined in simulation 1.

5.551e+000 moles of the following reaction have been added:(有 5.551mol 的水蒸发

掉，约为原溶液中水量的 10%）

Reactant	Relative moles
$H_2O(g)$	−1.00
Element	Relative moles
H	−2.00
O	−1.00

---------- Solution composition（溶液组分及浓度，观察变化）----------

Elements	Molality	Moles
C	2.394e−003	2.155e−003
Ca^{2+}	1.111e−003	1.000e−003
Cl^-	2.001e−003	1.801e−003
F^-	8.775e−005	7.898e−005
K^+	4.446e−004	4.001e−004
Mg^{2+}	2.223e−004	2.001e−004
Na^+	2.334e−003	2.101e−003
S	3.334e−004	3.001e−004

---------- Description of Solution（溶液基本化学性质）----------

（略）

---------- Distribution of species（元素形态分布，观察有无变化）----------

Species	Molality	Activity	log Molality	log Activity	log Gamma
F	8.775e−005				
F^-	8.640e−005	7.925e−005	−4.063	−4.101	−0.038
MgF^+	7.630e−007	7.008e−007	−6.117	−6.154	−0.037
CaF^+	4.843e−007	4.447e−007	−6.315	−6.352	−0.037
NaF	9.748e−008	9.763e−008	−7.011	−7.010	0.001
HF	4.708e−009	4.716e−009	−8.327	−8.326	0.001
HF_2^-	1.470e−012	1.350e−012	−11.833	−11.870	−0.037

---------- Saturation indices（矿物饱和指数，观察变化）----------

Phase	SI	log IAP	log KT	
Anhydrite	−2.46	−6.79	−4.34	$CaSO_4$
Aragonite	−0.58	−8.87	−8.29	$CaCO_3$
Calcite	−0.43	−8.87	−8.44	$CaCO_3$
$CH_4(g)$	−124.10	−169.04	−44.95	CH_4
$CO_2(g)$	−2.28	−20.45	−18.17	CO_2
Dolomite	−1.52	−18.44	−16.92	$CaMg(CO_3)_2$
Fluorite	−0.63	−11.32	−10.69	CaF_2
Gypsum	−2.21	−6.79	−4.58	$CaSO_4 \cdot 2H_2O$

$H_2S(g)$	−124.30	−166.97	−42.67	H_2S
Halite	−6.97	−5.41	1.57	NaCl
Sulfur	−93.12	−129.82	−36.70	S

Reaction step 2(第二步蒸发反应)

(略)

Solution composition(溶液组分及浓度,观察变化)

Elements	Molality	Moles
C	2.693e−003	2.155e−003
Ca^{2+}	1.250e−003	1.000e−003
Cl^-	2.251e−003	1.801e−003
F^-	9.872e−005	7.898e−005
K^+	5.002e−004	4.001e−004
Mg^{2+}	2.501e−004	2.001e−004
Na^+	2.626e−003	2.101e−003
S	3.751e−004	3.001e−004

Description of Solution(溶液基本化学性质)

(略)

Distribution of species(元素形态分布,观察有无变化)

Species	Molality	Activity	log Molality	log Activity	log Gamma
F	9.872e−005				
F^-	9.705e−005	8.860e−005	−4.013	−4.053	−0.040
MgF^+	9.441e−007	8.632e−007	−6.025	−6.064	−0.039
CaF^+	5.991e−007	5.477e−007	−6.222	−6.261	−0.039
NaF	1.220e−007	1.222e−007	−6.914	−6.913	0.001
HF	5.298e−009	5.307e−009	−8.276	−8.275	0.001
HF_2^-	1.858e−012	1.698e−012	−11.731	−11.770	−0.039

Saturation indices(矿物饱和指数,观察变化)

Phase	SI	logIAP	logKT	
Anhydrite	−2.37	−6.71	−4.34	$CaSO_4$
Aragonite	−0.49	−8.78	−8.29	$CaCO_3$
Calcite	−0.34	−8.78	−8.44	$CaCO_3$
$CH_4(g)$	−124.13	−169.07	−44.95	CH_4
$CO_2(g)$	−2.22	−20.40	−18.17	CO_2
Dolomite	−1.34	−18.27	−16.92	$CaMg(CO_3)_2$
Fluorite	−0.50	−11.18	−10.69	CaF_2
Gypsum	−2.13	−6.71	−4.58	$CaSO_4 \cdot 2H_2O$

$H_2S(g)$	−124.34	−167.00	−42.67	H_2S
Halite	−6.87	−5.31	1.57	NaCl
Sulfur	−93.13	−129.83	−36.70	S

Reaction step 3(第三步蒸发反应)

Solution composition(溶液组分及浓度,观察变化)

Elements	Molality	Moles
C	3.078e−003	2.155e−003
Ca^{2+}	1.429e−003	1.000e−003
Cl^-	2.572e−003	1.801e−003
F^-	1.128e−004	7.898e−005
K^+	5.716e−004	4.001e−004
Mg^{2+}	2.858e−004	2.001e−004
Na^+	3.001e−003	2.101e−003
S	4.287c−004	3.001e−004

(略)

Reaction step 4(第四步蒸发反应)

Solution composition(溶液组分及浓度,观察变化)

Elements	Molality	Moles
C	3.591e−003	2.155e−003
Ca^{2+}	1.667e−003	1.000e−003
Cl^-	3.001e−003	1.801e−003
F^-	1.316e−004	7.898e−005
K^+	6.669e−004	4.001e−004
Mg^{2+}	3.334e−004	2.001e−004
Na^+	3.501e−003	2.101e−003
S	5.002e−004	3.001e−004

(略)

Reaction step 5(第五步蒸发反应)

Solution composition

Elements	Molality	Moles
C	4.310e−003	2.155e−003
Ca^{2+}	2.001e−003	1.000e−003
Cl^-	3.601e−003	1.801e−003
F^-	1.580e−004	7.898e−005
K^+	8.003e−004	4.001e−004

Mg^{2+}	4.001e−004	2.001e−004
Na^{+}	4.202e−003	2.101e−003
S	6.002e−004	3.001e−004

------------ Description of Solution(溶液基本化学性质) ------------

（略）

------------ Distribution of species(元素形态分布，观察有无变化) ------------

Species	Molality	Activity	log Molality	log Activity	log Gamma
F	1.580e−004				
F^{-}	1.541e−004	1.378e−004	−3.812	−3.861	−0.049
MgF^{+}	2.183e−006	1.956e−006	−5.661	−5.709	−0.048
CaF^{+}	1.385e−006	1.241e−006	−5.859	−5.906	−0.048
NaF	2.971e−007	2.979e−007	−6.527	−6.526	0.001
HF	8.487e−009	8.510e−009	−8.071	−8.070	0.001
HF_2^{-}	4.724e−012	4.234e−012	−11.326	−11.373	−0.048

------------ Saturation indices(矿物饱和指数，观察有无变化) ------------

Phase	SI	log IAP	log KT	
Anhydrite	−2.06	−6.40	−4.34	$CaSO_4$
Aragonite	−0.15	−8.44	−8.29	$CaCO_3$
Calcite	0.00	−8.44	−8.44	$CaCO_3$
CH_4(g)	−123.82	−168.76	−44.95	CH_4
CO_2(g)	−2.02	−20.19	−18.17	CO_2
Dolomite	−0.66	−17.58	−16.92	$CaMg(CO_3)_2$
Fluorite	0.05	−10.63	−10.69	CaF_2
Gypsum	−1.82	−6.40	−4.58	$CaSO_4 \cdot 2H_2O$
H_2(g)	−37.14	−37.14	0.00	H_2
H_2O(g)	−1.70	−0.00	1.70	H_2O
H_2S(g)	−124.05	−166.72	−42.67	H_2S
Halite	−6.48	−4.92	1.57	NaCl
O_2(g)	−11.24	74.29	85.53	O_2
Sulfur	−92.88	−129.58	−36.70	S

------------ End of simulation(模拟结束) ------------

4.4.2 习题

● 习题 4-1

浅层地下水化学组分，数值如表 4-4-3，各组分单位为 mg/L，试计算当地下水发生蒸发作用时，地下水化学组分的逐渐变化(总蒸发量以 30%计)。

表 4-4-3 浅层地下水化学组分

pH	7.5	Si	2.28
水温(℃)	25.0	Cl	53.0
K	9.1	HCO_3^-	171.6
Ca	20.3	SO_4^{2-}	72.0
Mg	20.1	Na	68.0

● 习题 4-2

地下水化学组分如表 4-4-4,各组分单位为 mg/L,试计算当地下水发生蒸发作用时,地下水中的 Cd 在不同蒸发程度下,其浓度及存在形态的变化。

表 4-4-4 地下水化学组分

pH	7.5	Si	2.28
水温(℃)	25.0	Cl	53.0
K	9.1	HCO_3^-	171.6
Ca	20.3	SO_4^{2-}	72.0
Mg	20.1	Na	68.0
Cd	0.10		

实验五　污染元素在矿物表面的络合

4.5.1　案例分析

例 5－1　水合氧化铁与 Zn 的表面络合作用

模拟计算浓度为 5.0mmol/L 的 $ZnCl_2$ 溶液与 0.089g 水合氧化铁发生表面络合时，Zn 在水合氧化铁表面的吸附行为(表 4－5－1)。

表 4－5－1　例 5－1 上机程序及说明

SURFACE 1	定义表面 1
Hfo_wOH 2e−4 600 0.089	水合氧化铁，弱吸附位数量 2e－4mol，表面积 $600m^2/g$，质量 0.089g
- diffuse_layer	定义存在扩散层
END	表面定义结束
USE surface 1	调用表面 1
Solution 1	调用溶液 1
temp 25	水温 25℃
pH 7	pH 值为 7
pe 4	pe 值 4
redox pe	溶液氧化还原状态以 pe 值表示
units mmol/kgw	化学组分单位，毫摩尔每千克水
density 1	溶液密度 1kg/L
Zn^{2+} 5.0	Zn^{2+} 含量 5.0 mmol/L
Cl^- 10	Cl^- 含量 10.0 mmol/L
- water 1#kg	水溶液质量 1kg
END	程序结束

程序运行结果说明：

....

Beginning of initial Solution calculations(模拟计算开始)

....

Initial Solution 1(初始溶液 1)

.... Solution composition(溶液组分)......................

Elements	Molality	Moles
Cl^-	1.000e−002	1.000e−002

Zn^{2+}	5.000e−003	5.000e−003

-- Description of Solution(溶液基本特征) --

(略)

-- Distribution of species(元素形态分布) --

Species	Molality	Activity	log Molality	log Activity	log Gamma
Zn	5.000e−003				
Zn^{2+}	4.877e−003	3.032e−003	−2.312	−2.518	−0.206
$ZnCl^{+}$	8.073e−005	7.146e−005	−4.093	−4.146	−0.053
$ZnOH^{+}$	3.755e−005	3.324e−005	−4.425	−4.478	−0.053
$Zn(OH)_2$	3.802e−006	3.815e−006	−5.420	−5.418	0.001
$ZnCl_2$	6.530e−007	6.552e−007	−6.185	−6.184	0.001
$ZnCl_3^-$	7.272e−009	6.438e−009	−8.138	−8.191	−0.053
$Zn(OH)_3^-$	1.363e−010	1.206e−010	−9.866	−9.919	−0.053
$ZnCl_4^{2-}$	4.601e−011	2.825e−011	−10.337	−10.549	−0.212
$Zn(OH)_4^{2-}$	3.112e−016	1.911e−016	−15.507	−15.719	−0.212

-- Saturation indices(矿物相饱和指数) --

Phase	SI	logIAP	logKT	
$H_2(g)$	−22.00	−22.00	0.00	H_2
$H_2O(g)$	−1.51	−0.00	1.51	H_2O
$O_2(g)$	−39.12	44.00	83.12	O_2
$Zn(OH)_2(e)$	−0.02	11.48	11.50	$Zn(OH)_2$

Beginning of batch - reaction calculations(开始表面络合反应模拟)

Reaction step 1(第一步反应)

Using Solution 1(调用溶液)

Using surface 1(调用表面)

-- Surface composition(表面组分特征) --

Hfo

2.677e−016 Surface + diffuse layer charge, eq

3.497e−005 Surface charge, eq

6.319e−002 sigma, C/m * * 2

1.228e−001 psi, V

−4.779e+000 −F * psi/RT

8.407e−003 exp(−F * psi/RT)

6.000e+002 specific area, m * * 2/g

5.340e+001 m * * 2 for 8.900e−002 g

Kg water in diffuse layer: 5.340000e−004

Total moles in diffuse layer (excluding water)(扩散层吸附位元素摩尔数)

Element	Moles
Cl	3.6628e−005
H	1.5076e−009
O	1.2628e−009
Zn	8.3018e−007

Hfo_w(弱吸附位及形态分布)

2.000e−004 Moles

Species	Moles	Mole Fraction	Molality	Log (Molality)
Hfo_wOH	1.241e−004	0.620	1.241e−004	−3.906
Hfo_wOZn^{+}	3.825e−005	0.191	3.825e−005	−4.417
Hfo_wO^{-}	2.049e−005	0.102	2.049e−005	−4.688
Hfo_wOH^{2+}	1.721e−005	0.086	1.721e−005	−4.764

------------------------------ Solution composition(溶液组分特征) ------------------------------

Elements	Molality	Moles
Cl	9.963e−003	9.963e−003
Zn	4.961e−003	4.961e−003

------------------------------ Description of Solution(溶液基本特征) ------------------------------

(略)

------------------------------ Distribution of species(元素形态分布) ------------------------------

Species	Molality	Activity	log Molality	log Activity	log Gamma
Zn	4.961e−003				
Zn^{2+}	4.875e−003	3.033e−003	−2.312	−2.518	−0.206
$ZnCl^{+}$	8.044e−005	7.122e−005	−4.095	−4.147	−0.053
$ZnOH^{+}$	4.438e−006	3.929e−006	−5.353	−5.406	−0.053
$ZnCl_2$	6.485e−007	6.507e−007	−6.188	−6.187	0.001
$Zn(OH)_2$	5.312e−008	5.330e−008	−7.275	−7.273	0.001
$ZnCl_3^{-}$	7.196e−009	6.371e−009	−8.143	−8.196	−0.053
$ZnCl_4^{2-}$	4.534e−011	2.786e−011	−10.344	−10.555	−0.212
$Zn(OH)_3^{-}$	2.250e−013	1.992e−013	−12.648	−12.701	−0.053
$Zn(OH)_4^{2-}$	6.071e−020	3.730e−020	−19.217	−19.428	−0.212

------------------------------ Saturation indices(矿物相饱和指数) ------------------------------

Phase	SI	logIAP	logKT	
$H_2(g)$	−10.72	−10.72	0.00	H_2
$H_2O(g)$	−1.51	−0.00	1.51	H_2O
$O_2(g)$	−61.67	21.45	83.12	O_2
$Zn(OH)_2(e)$	−1.87	9.63	11.50	$Zn(OH)_2$

······························ End of simulation（模拟结束）······························

4.5.2　习题

● 习题 5－1

某种水合氧化铁，表面弱吸附位为 0.2mol/mol，表面积为 400m²/g，试计算浓度为 50μmol，pH 值 7 的 $MgCl_2$ 溶液，在 25℃下与 0.089g 该种矿物发生表面络合作用时，吸附态 Mg 的数量。

● 习题 5－2

浅层地下水，化学组分如表 4－5－2，各组分单位为 mg/L，试计算当习题 5－1 中 0.089g 的水合氧化铁矿物与地下水发生表面络合作用时，各元素的存在形态以及浓度变化。

表 4－5－2　浅层地下水化学组分(mg/L)

pH	7.5	Si	2.28
密度(kg/L)	1.0	Cl	53.0
水温(℃)	25.0	HCO_3^-	171.6
pe	4.45	SO_4^{2-}	72.0
Ca	20.3	Na	68.0
Mg	20.1	K	9.1

实验六　对流运移实验

4.6.1　案例分析

例　$CaCl_2$ 溶液对土柱中硝酸盐的驱替(本例引用自 PHREEQC Get - going sheet)

已知有充满硝酸钾和硝酸钠溶液的土柱，现将一定浓度的 $CaCl_2$ 溶液缓缓通入土柱。试模拟计算当 $CaCl_2$ 溶液缓缓通入饱含(Na,K)NO_3 溶液的土柱过程中，各组分的变化特征。

输入	说明
Solution 1 - 16	定义土柱各单元内溶液组分
temp　　25	
pH　　7	
pe　　4	
redox　　pe	
units　　mmol/kgw	
density　　1	
Na　　1.0	
K　　0.2	
N(5)　　1.2	硝酸根离子浓度
- water　　1 # kg	
EXCHANGE 1 - 16	定义交换单元数目 (mol)
X　　0.0011	定义各单元中可交换位的数目
- equilibrate with Solution 1	交换位与溶液 1 平衡
END	
	定义输入溶液组分
Solution 0	
temp　　25	
pH　　7	
pe　　4	
redox　　pe	
units　　mmol/kgw	
density　　1	
Ca　　0.6	
Cl　　1.2	
- water　　1 # kg	
END	
TRANSPORT	调用运移命令
- cells　　16	将一维运移含水层划分为 16 个单元
- shifts　　40	全部运移需要 40 个步长
- time_step　　720 # seconds	定义时间步长为 720s
- flow_direction　　forward	流向为正向流
- boundary_conditions　　flux flux	边界条件为第三类边界
- lengths　　16 * 0.005	模拟区段长度
- dispersivities　　16 * 0.002	弥散度
END	程序结束

运行结果：

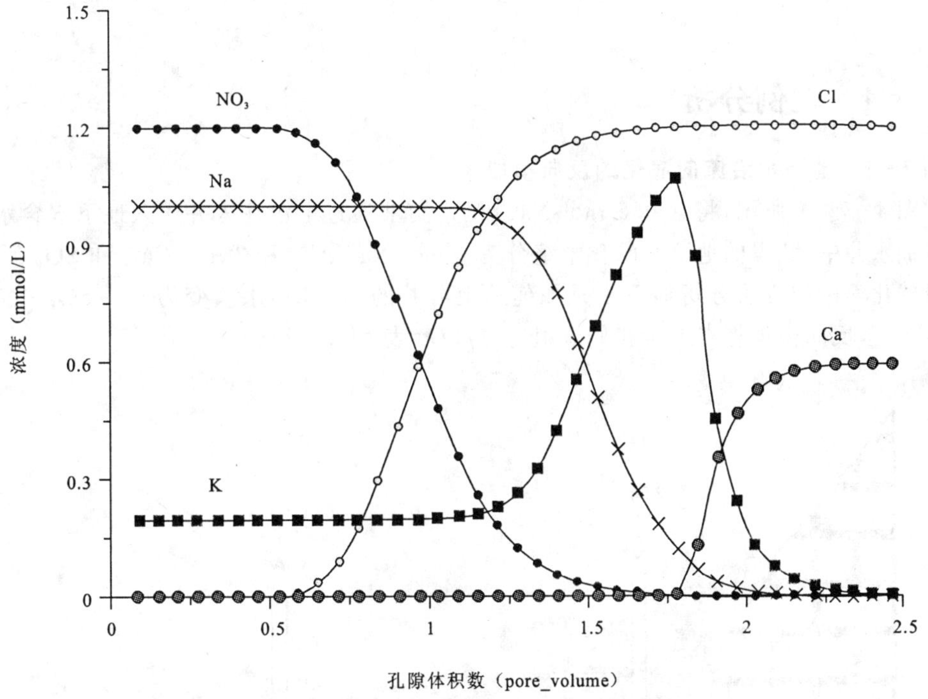

$CaCl_2$ 驱替(Na,K)NO_3 过程中各元素浓度变化曲线

4.6.2　习题

● 习题 6-1

例 6-1 中，假定土柱内原有溶液为 NaCl，输入溶液为 $Ca(NO_3)_2$，在其他条件不变的情况下，分析实验过程中各元素组分的变化特征。

实验七 反向模拟实验

4.7.1 案例分析

例 7-1 地下水沿流向演化的反向模拟

如图 4-7-1 所示，将含 0.5 mol NaCl 的水溶液通过上游注入井压入地下水含水层中，在下游抽水井中，获得的地下水的化学组分为 5 mol Na^{+}、Cl^{-} 和 2 mol Ca^{2+} 和 SO_4^{2-}，试通过水文地球化学模拟方法分析地下水是如何从上游井的 NaCl 型水演变为 Cl-SO_4-Na 型水的？事实上，反向模拟将有助于我们认识这一过程(表 4-7-1)。

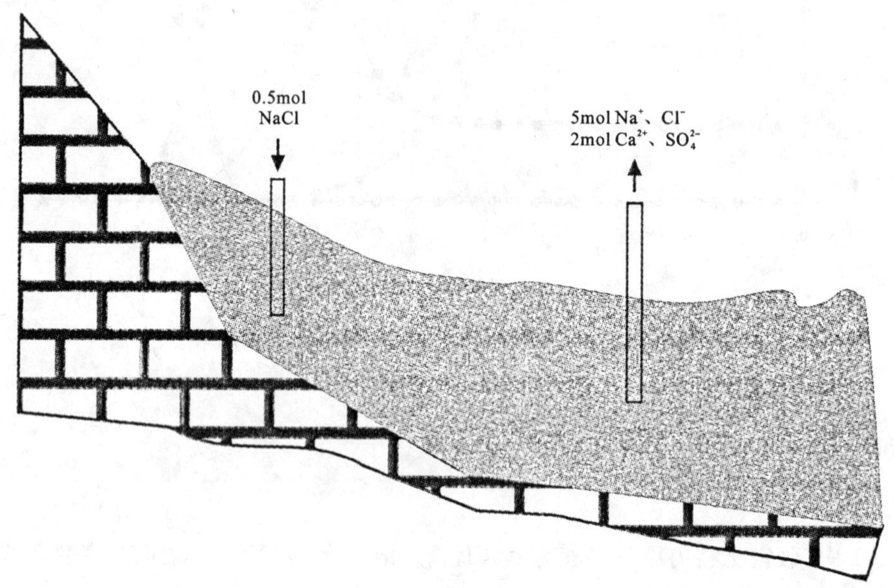

图 4-7-1 地下水注入试验图

运行结果说明：

Beginning of inverse modeling calculations.

Solution 1：

	Input		Delta		Input＋Delta
Alkalinity	3.658e－010	＋	－3.658e－010	＝	0.000e＋000
Ca	0.000e＋000	＋	0.000e＋000	＝	0.000e＋000
Cl	1.000e－003	＋	0.000e＋000	＝	1.000e－003
H(0)	0.000e＋000	＋	0.000e＋000	＝	0.000e＋000

表 4-1-1　图 4-7-1 反向模拟过程

Solution 1	溶液 1
Cl 1；Na 1	离子组分及浓度
Solution 2	溶液 2
Cl 10；Na 10；Ca 2；S(6) 2	离子组分
END	
INVERSE_MODELING	反向模拟程序
- Solutions 1 2	反演由溶液 1 生成溶液 2
- phases	调用反应相
Gypsum	反应相 1，石膏
Water	反应相 2，水
- balances	平衡在反应相中不包含的元素
Cl	定义 Cl 的平衡不确定度为 0.05
Na	定义 Na 的平衡不确定度为 0.05
Alkalinity 1	定义碱度的平衡容忍度为 100%
- uncertainty 0.05	内定不确定度 5%
- range true	
PHASES	定义相
Water	将水定义为矿物相
$H_2O = H_2O$	方程
log_K 0	定义 logK 值
END	

```
    Na        1.000e-003  +  0.000e+000  =  1.000e-003
    O(0)      0.000e+000  +  0.000e+000  =  0.000e+000
    S(-2)     0.000e+000  +  0.000e+000  =  0.000e+000
    S(6)      0.000e+000  +  0.000e+000  =  0.000e+000
```

Solution 2:

```
                    Input              Delta        Input+Delta
Alkalinity     -6.415e-009  +   6.415e-009  =  0.000e+000
    Ca          2.000e-003  +  -4.204e-013  =  2.000e-003
    Cl          1.000e-002  +  -6.608e-013  =  1.000e-002
    H(0)        0.000e+000  +   0.000e+000  =  0.000e+000
    Na          1.000e-002  +   0.000e+000  =  1.000e-002
    O(0)        0.000e+000  +   0.000e+000  =  0.000e+000
    S(-2)       0.000e+000  +   0.000e+000  =  0.000e+000
    S(6)        2.000e-003  +   0.000e+000  =  2.000e-003
```

Solution fractions:　　　　Minimum　　　Maximum

Solution	1	1.000e+001	9.048e+000	1.105e+001	
Solution	2	1.000e+000	1.000e+000	1.000e+000	

Phase mole transfers(矿物相转移量)： Minimum Maximum

Gypsum	2.000e−003	1.900e−003	2.100e−003	$CaSO_4 \cdot 2H_2O$
Water	−4.996e+002	−5.580e+002	−4.467e+002	H_2O

Redox mole transfers：

Sum of residuals (epsilons in documentation)： 1.100e+001

Sum of delta/uncertainty limit： 2.000e+000

Maximum fractional error in element concentration： 1.000e+000

Model contains minimum number of phases.

===

Summary of inverse modeling：(反向模拟模型特征)

Number of models found：1(模拟得到模型数量)

Number of minimal models found：1(模拟得到的模型最少数目)

Number of infeasible sets of phases saved：3 (模型中包含的矿物相数目)

Number of calls to cl1：13(模拟设计的情景数目)

End of simulation.

4.7.2 习题

● 习题 7 - 1

如图 4 - 7 - 2 所示，沿地下水流向两口水井经监测水化学组分如表 4 - 7 - 2，试用反向模拟分析地下水由 1 号井向 2 号井运移过程中，参与水化学过程的矿物及其含量。

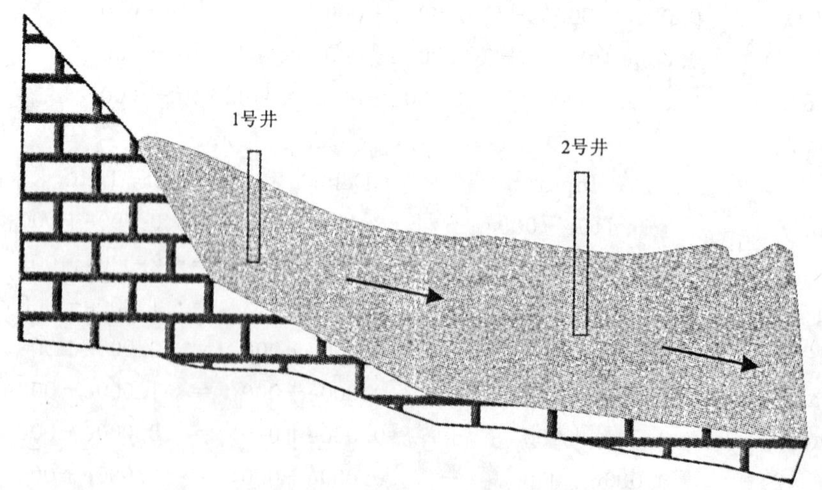

图 4 - 7 - 2 地下水流向及水井位置示意图

表 4-7-2　1 号井及 2 号井地下水水化学组分

水化学指标	1 号井	2 号井
pH	7.4	7.2
pe	4	−3.8
Ca (mmol/L)	1.2	2.15
Mg (mmol/L)	0.9	1.7
SO_4^{2-} (mmol/L)	1.2	2.7
Cl^- (mmol/L)	1.8	1.8

注：主要矿物相包括方解石(Calcite)、白云石(Dolomite)、石膏(Gypsum)和 CO_2(g)。

第5章 习题解答提示

● 习题1-1

```
Solution 1
    temp        25
    pH          7
    pe          4
    redox       pe
    units       μmol/kgw
    density     1
    Ca          40mg/kgw
    Cl          71mg/kgw
    Na          10
    S(6)        5
    - water     1#kg
END
```

表5-1 习题1-1溶液化学组分形态及浓度(单位:mol/L)

元素形态	浓度	元素形态	浓度	元素形态	浓度
SO_4^{2-}	4.45e−06	OH^-	1.06e−07	Ca^{2+}	9.98e−04
$CaSO_4$	5.52e−07	H^+	1.06e−07	$CaOH^+$	1.39e−09
$NaSO_4^-$	1.76e−10	H_2O	5.55e+01	Na^+	1.00e−05
HSO_4^-	3.63e−11	H(0)	1.42e−25	Cl^-	2.00e−03
$CaHSO_4^+$	3.44e−13	H_2	7.08e−26		

● 习题1-2

```
Solution 1
    temp        22.3
    pH          6.7
    pe          6.9
    redox       pe
    units       mg/L
    density     1
```

```
    Ca              30.07
    Mg              10.1
    Na              33.2
    K               3.0
    Cl              136.2
    - water         1 # kg
END
```

● 习题1-3

参考习题1-2答案。注意分析Cd与其他元素形成的络合离子，及其对元素存在形态的影响。

● 习题2-1

```
Solution 1
    temp            25
    pH              7
    pe              4
    redox           pe
    units           μmol/L
    density         1
    Na              10
    Cl              10
    - water         1 # kg
EQUILIBRIUM_PHASES 1
    Calcite         0 10
END
```

● 习题2-2

```
Solution 1
    temp            25
    pH              7
    pe              4
    redox           pe
    units           μmol/L
    density         1
    Na              10
    Cl              10
    - water         1 # kg
EQUILIBRIUM_PHASES 1
    Calcite         0 10
    Dolomite        0 10
REACTION_TEMPERATURE 1
```

```
  5.0 75.0 in 71 steps
END
```

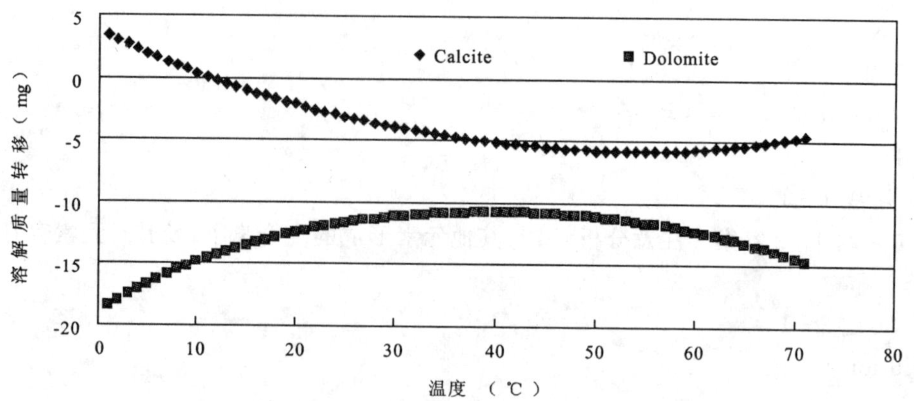

图 5-1　不同温度下方解石和白云石共存时溶解质量转移

● 习题 2-3

```
Solution 1
    temp        25
    pH          7
    pe          4
    redox       pe
    units       μmol/L
    density     1
    Ca          1
    Cl          2
    -water      1#kg
EQUILIBRIUM_PHASES 1
    Calcite     0 10
END
```

（改变程序中 Ca 和 Cl 浓度，获得其他浓度下方解石溶解量值，并绘制方解石溶解量随初始 Ca^{2+} 浓度变化曲线）

● 习题 2-4

本题可参考习题 2-3，改变初始溶液离子种类和浓度值。

● 习题 2-5

首先模拟计算地下水与灰岩的饱和溶解，然后将得到的溶液作为初始溶液与石膏达到溶解平衡，再将该平衡溶液与钾长石（代表砂岩）进行溶解平衡模拟计算，即可得到最终的地下水成分。

● 习题 3-1

```
Solution 1
    temp        25
```

```
    pH              7
    pe              4
    redox           pe
    units           mmol/kgw
    density         1
    - water         1 # kg
EQUILIBRIUM_PHASES 1
    Calcite         0 10
SAVE Solution 1
END
Solution 2
    temp            25
    pH              7
    pe              4
    redox           pe
    units           mmol/kgw
    density         1
    - water         1 # kg
EQUILIBRIUM_PHASES 2
    Gypsum          0 10
SAVE Solution 2
END
Use Solution 1
Use Solution 2
MIX 1
    1               1
    2               1
END
```

● 习题 3－2

方解石饱和溶液和石膏饱和溶液以 1∶4 比例混合

```
Solution 1
    temp            25
    pH              7
    pe              4
    redox           pe
    units           mmol/kgw
    density         1
    - water         1 # kg
EQUILIBRIUM_PHASES 1
```

```
    Calcite         0 10
SAVE Solution 1
END
Solution 2
    temp            25
    pH              7
    pe              4
    redox           pe
    units           mmol/kgw
    density         1
    -water          1 # kg
EQUILIBRIUM_PHASES 2
    Gypsum          0 10
SAVE Solution 2
END
Use Solution 1
Use Solution 2
MIX 1
    1               1
    2               4
END
```

方解石饱和溶液和石膏饱和溶液以 4：1 比例混合

参见上例，改变混合比例即可。

● 习题 3 - 3

```
Solution 1
    temp            25
    pH              7
    pe              4
    redox           pe
    units           mmol/kgw
    density         1
    -water          1 # kg
EQUILIBRIUM_PHASES 1
    dolomite        0 10
SAVE Solution 1
END
Solution 2
    temp            25
```

```
    pH              7
    pe              4
    redox           pe
    units           mmol/kgw
    density         1
    - water         1 # kg
EQUILIBRIUM_PHASES 2
    Gypsum          0 10
SAVE Solution 2
END
Use Solution 1
Use Solution 2
MIX 1
    1               1
    2               1
END
```

表 5-2　习题 3-3 混合前后溶液矿物饱和指数变化特征

Solution 1		Solution 2		混合溶液	
Phase	SI	Phase	SI	Phase	SI
Aragonite	−0.21			Aragonite	0.56
Artinite	−2.37			Artinite	−5.47
Brucite	−1.07			Brucite	−2.62
Calcite	−0.06			Calcite	0.71
$CH_4(g)$	−24.35			$CH_4(g)$	−23.34
$CO_2(g)$	−6.17			$CO_2(g)$	−6.17
Dolomite	0			Dolomite	−0.78
Dolomite(d)	−0.55			Dolomite(d)	−1.33
$H_2(g)$	−10.99	$H_2(g)$	−11.28	$H_2(g)$	−10.74
$H_2O(g)$	−1.51	$H_2O(g)$	−1.51	$H_2O(g)$	−1.51
Huntite	−4.21			Huntite	−8.09
Hydromagnesite	−9.65			Hydromagnesite	−17.4
Magnesite	−0.52			Magnesite	−2.07
Nesquehonite	−2.92			Nesquehonite	−4.47
$O_2(g)$	−61.14	$O_2(g)$	−60.57	$O_2(g)$	−61.64
Portlandite	−7.03	Portlandite	−10.95	Portlandite	−6.25
		$H_2S(g)$	−19.89	$H_2S(g)$	−22.84
		Anhydrite	−0.22	Anhydrite	−0.62
		Gypsum	0	Gypsum	−0.4
		Sulfur	−14.45	Sulfur	−17.93
				Epsomite	−5.16

● 习题 3-4

```
Solution 1          Seawater
    units               mg/L
    pH                  8.22
    pe                  8.45
    density             1.023
    temp                25.0
    Ca                  412.3
    Mg                  1291.8
    Na                  10768.0
    K                   399.1
    Si                  4.28
    Cl                  19353.0
    Alkalinity          141.682 as HCO3
    S(6)                2712.0
Solution 2 #shallow groundwater
    temp                25
    pH                  7.5
    pe                  4.45
    redox               pe
    units               mg/L
    density             1
    Ca                  30.3
    Mg                  10.1
    Na                  138
    K                   9.1
    Si                  2.28
    Cl                  53
Alkalinity 341.682 as HCO3
    S(6)                72
    -water              1 # kg
MIX 1
    1                   0.1
    2                   0.9
END
MIX 2
    1                   0.2
    2                   0.8
END
```

```
MIX 3
    1          0.5
    2          0.5
END
MIX 4
    1          0.8
    2          0.2
END
```

● 习题 4-1

注意观察对比不同蒸发程度下地下水水化学组分及矿物饱和指数变化。

```
Solution 1 ＃地下水蒸发
    temp           25
    pH             7.5
    pe             4
    redox          pe
    units          mg/L
    density        1
    Na             68
    Cl             53
    Ca             20.3
    Mg             20.1
    K              9.1
    S(6)           72
    Si             2.28
    Alkalinity     171.6
    -water         1 ＃ kg
REACTION 1
H2O(g) -1
16.653 moles in 10 steps
END
```

● 习题 4-2

注意观察对比不同蒸发程度下，地下水中 Cd 的浓缩富集现象及矿物饱和指数变化。

```
Solution 1
    temp           25
    pH             7.5
    pe             4
    redox          pe
    units          mg/L
    density        1
```

```
    Na              68
    Cl              53
    Ca              20.3
    Mg              20.1
    K               9.1
    S(6)            72
    Si              2.28
    Alkalinity      171.6
    Cd              0.1
    -water          1 # kg
REACTION 1
H2O(g) -1
27.755 moles in 10 steps
END
```

● 习题 5-1

假定某种矿物的表面弱吸附位为 0.2mol/mol，分子量为 89g/mol，表面积为 400m^2/g，试计算当 50μmol $MgCl_2$ 与 0.089g 该种矿物发生表面络合作用时，吸附态 Mg 的数量。

● 习题 5-2

```
Surface 1
Hfo_wOH 2e-4 400 0.089
-diffuse_layer
END
USE surface 1
Solution 1
    temp            25
    pH              7.5
    pe              4
    redox           pe
    units           mg/L
    density         1
    Na              68
    Cl              53
    Ca              20.3
    Mg              20.1
    K               9.1
    S(6)            72
    Si              2.28
    Alkalinity      171.6
    -water          1 # kg
```

```
END
```

● 习题 6-1

```
Solution 1-16
    temp                    25
    pH                      7
    pe                      4
    redox                   pe
    units                   mmol/kgw
    density                 1
    Ca                      0.6
    N(5)                    1.2
    -water                  1 # kg
EXCHANGE 1-16
    X                       0.0011
    -equilibrate with Solution 1
END

Solution 0
    temp                    25
    pH                      7
    pe                      4
    redox                   pe
    units                   mmol/kgw
    density                 1
    Na                      1.2
    Cl                      1.2
    -water                  1 # kg
END

TRANSPORT
    -cells                  16
    -shifts                 40
    -time_step              720 # seconds
    -flow_direction         forward
    -boundary_conditions    flux flux
    -lengths                16*0.005
    -dispersivities         16*0.002
END
```

● 习题 7 - 1

```
Solution 1
pH 7.4
pe 4.0
Ca 1.2
Mg 0.9
S(6) 1.2
Cl 1.8
Solution 2
pH 7.2
pe -3.8
Ca 2.15
Mg 1.7
S(6) 2.7
Cl 1.8
INVERSE_MODELING 1
    -Solutions          1          2
    -uncertainty        0.05       0.05
    -phases
        Calcite
        Dolomite
        Gypsum
        CO2(g)
    -balances
        Cl              0.05       0.05
    -range              1000
    -tolerance          1e-010
    -mineral_water      true
END
```

参考文献

[1]沈照理. 水文地球化学基础[M]. 北京:地质出版社,1993.

[2]王焰新. 地下水污染与防治[M]. 北京:高等教育出版社,2007.

[3]朱义年，王焰新(译). 地下水地球化学模拟的原理及应用[M]. 武汉:中国地质大学出版社,2005.

[4]David L. Parkhurst, Appelo C A J. User's Guide to PHREEQC (Version 2)——A Computer Program for Speciation, Batch - Reaction, One - Dimensional Transport, and Inverse Geochemical Calculations[M].

[5]Nordstrom D K, Plummer L N, Langmuir, et al. Revised chemical equilibrium data for major water—mineral reactions and their limitations[J]. In: Bassett R L and Melchior D eds., Chemical modeling in aqueous systems II: Washington D. C., American Chemical Society Symposium, 1990, 416, (31): 398～413.

[6]Parkhurst D L. Geochemical mole—balance modeling with uncertain data[J]. Water Resources Research, 1997, 33(8): 1957～1970.

[7]Pitzer K S. Theory——Ion interaction approach[M]. In: R M Pytkowicz, ed., Activity Coefficients in Electrolyte Solutions, v. 1, CRC Press, Inc., Boca Raton, Florida, 1979.

[8]Xubo Gao, Yanxin Wang, Yilian Li, Qinghai Guo. Enrichment of fluoride in groundwater under the impact of saline water intrusion at the salt lake area of Yuncheng basin, northern China[J]. Environ. Geol., 2007, 53: 795～803.

附录：phreeqc.dat 热力学数据库

SOLUTION_MASTER_SPECIES

#

#element	species	alk	gfw_formula	element_gfw
#				
H	H^+	−1.0	H	1.008
H(0)	H_2	0.0	H	
H(1)	H^+	−1.0	0.0	
E	e^-	0.0	0.0	0.0
O	H_2O	0.0	O	16.00
O(0)	O_2	0.0	O	
O(−2)	H_2O	0.0	0.0	
Ca	Ca^{2+}	0.0	Ca	40.08
Mg	Mg^{2+}	0.0	Mg	24.312
Na	Na^+	0.0	Na	22.9898
K	K^+	0.0	K	39.102
Fe	Fe^{2+}	0.0	Fe	55.847
Fe(+2)	Fe^{2+}	0.0	Fe	
Fe(+3)	Fe^{3+}	−2.0	Fe	
Mn	Mn^{2+}	0.0	Mn	54.938
Mn(+2)	Mn^{2+}	0.0	Mn	
Mn(+3)	Mn^{3+}	0.0	Mn	
Al	Al^{3+}	0.0	Al	26.9815
Ba	Ba^{2+}	0.0	Ba	137.34
Sr	Sr^{2+}	0.0	Sr	87.62
Si	H_4SiO_4	0.0	SiO_2	28.0843
Cl	Cl^-	0.0	Cl	35.453
C	CO_3^{2-}	2.0	HCO_3	12.0111
C(+4)	CO_3^{2-}	2.0	HCO_3	
C(−4)	CH_4	0.0	CH_4	
Alkalinity	CO_3^{2-}	1.0	$Ca_{0.5}(CO_3)_{0.5}$	50.05
S	SO_4^{2-}	0.0	SO_4	32.064

S(6)	SO_4^{2-}	0.0	SO_4	
S(−2)	HS^-	1.0	S	
N	NO_3^-	0.0	N	14.0067
N(+5)	NO_3^-	0.0	N	
N(+3)	NO_2^-	0.0	N	
N(0)	N_2	0.0	N	
N(−3)	NH_4^+	0.0	N	
B	H_3BO_3	0.0	B	10.81
P	PO_4^{3-}	2.0	P	30.9738
F	F^-	0.0	F	18.9984
Li	Li^+	0.0	Li	6.939
Br	Br^-	0.0	Br	79.904
Zn	Zn^{2+}	0.0	Zn	65.37
Cd	Cd^{2+}	0.0	Cd	112.4
Pb	Pb^{2+}	0.0	Pb	207.19
Cu	Cu^{2+}	0.0	Cu	63.546
Cu(+2)	Cu^{2+}	0.0	Cu	
Cu(+1)	Cu^+	0.0	Cu	

SOLUTION_SPECIES

$H^+ = H^+$

log_k 0.000

−gamma 9.0000 0.0000

$e^- = e^-$

log_k 0.000

$H_2O = H_2O$

log_k 0.000

$Ca^{2+} = Ca^{2+}$

log_k 0.000

−gamma 5.0000 0.1650

$Mg^{2+} = Mg^{2+}$

log_k 0.000

−gamma 5.5000 0.2000

$Na^{+} = Na^{+}$

　　log_k　　0.000

　　－gamma　　4.0000　　0.0750

$K^{+} = K^{+}$

　　log_k　　0.000

　　－gamma　　3.5000　　0.0150

$Fe^{2+} = Fe^{2+}$

　　log_k　　0.000

　　－gamma　　6.0000　　0.0000

$Mn^{2+} = Mn^{2+}$

　　log_k　　0.000

　　－gamma　　6.0000　　0.0000

$Al^{3+} = Al^{3+}$

　　log_k　　0.000

　　－gamma　　9.0000　　0.0000

$Ba^{2+} = Ba^{2+}$

　　log_k　　0.000

　　－gamma　　5.0000　　0.0000

$Sr^{2+} = Sr^{2+}$

　　log_k　　0.000

　　－gamma　　5.2600　　0.1210

$H_4SiO_4 = H_4SiO_4$

　　log_k　　0.000

$Cl^{-} = Cl^{-}$

　　log_k　　0.000

　　－gamma　　3.5000　　0.0150

$CO_3^{2-} = CO_3^{2-}$

　　log_k　　0.000

　　－gamma　　5.4000　　0.0000

$SO_4^{2-} = SO_4^{2-}$
log_k 0.000
-gamma 5.0000 -0.0400

$NO_3^- = NO_3^-$
log_k 0.000
-gamma 3.0000 0.0000

$H_3BO_3 = H_3BO_3$
log_k 0.000

$PO_4^{3-} = PO_4^{3-}$
log_k 0.000
-gamma 4.0000 0.0000

$F^- = F^-$
log_k 0.000
-gamma 3.5000 0.0000

$Li^+ = Li^+$
log_k 0.000
-gamma 6.0000 0.0000

$Br^- = Br^-$
log_k 0.000
-gamma 3.0000 0.0000

$Zn^{2+} = Zn^{2+}$
log_k 0.000
-gamma 5.0000 0.0000

$Cd^{2+} = Cd^{2+}$
log_k 0.000

$Pb^{2+} = Pb^{2+}$
log_k 0.000

$Cu^{2+} = Cu^{2+}$
log_k 0.000

-gamma 6.0000 0.0000

$H_2O = OH^- + H^+$

log_k -14.000

delta_h 13.362 kcal

-analytic -283.971 -0.05069842 13323.0 102.24447 -1119669.0

-gamma 3.5000 0.0000

$2H_2O = O_2 + 4H^+ + 4e^-$

log_k -86.08

delta_h 134.79 kcal

$2H^+ + 2e^- = H_2$

log_k -3.15

delta_h -1.759 kcal

$CO_3^{2-} + H^+ = HCO_3^-$

log_k 10.329

delta_h -3.561 kcal

-analytic 107.8871 0.03252849 -5151.79 -38.92561 563713.9

-gamma 5.4000 0.0000

$CO_3^{2-} + 2H^+ = CO_2 + H_2O$

log_k 16.681

delta_h -5.738 kcal

-analytic 464.1965 0.09344813 -26986.16 -165.75951 2248628.9

$CO_3^{2-} + 10H^+ + 8e^- = CH_4 + 3H_2O$

log_k 41.071

delta_h -61.039 kcal

$SO_4^{2-} + H^+ = HSO_4^-$

log_k 1.988

delta_h 3.85 kcal

-analytic -56.889 0.006473 2307.9 19.8858 0.0

$HS^- = S^{2-} + H^+$

log_k −12.918

delta_h 12.1 kcal

−gamma 5.0000 0.0000

$SO_4^{2-} + 9H^+ + 8e^- = HS^- + 4H_2O$

log_k 33.65

delta_h −60.140 kcal

−gamma 3.5000 0.0000

$HS^- + H^+ = H_2S$

log_k 6.994

delta_h −5.300 kcal

−analytical −11.17 0.02386 3279.0

$NO_3^- + 2H^+ + 2e^- = NO_2^- + H_2O$

log_k 28.570

delta_h −43.760 kcal

−gamma 3.0000 0.0000

$2NO_3^- + 12H^+ + 10e^- = N_2 + 6H_2O$

log_k 207.080

delta_h −312.130 kcal

$NH_4^+ = NH_3 + H^+$

log_k −9.252

delta_h 12.48 kcal

−analytic 0.6322 −0.001225 −2835.76

$NO_3^- + 10H^+ + 8e^- = NH_4^+ + 3H_2O$

log_k 119.077

delta_h −187.055 kcal

−gamma 2.5000 0.0000

$NH_4^+ + SO_4^{2-} = NH_4SO_4^-$

log_k 1.11

$H_3BO_3 = H_2BO_3^- + H^+$

log_k -9.240
delta_h 3.224 kcal
\# -analytical 24.3919 0.012078 -1343.9 -13.2258

$H_3BO_3 + F^- = BF(OH)_3^-$
log_k -0.400
delta_h 1.850 kcal

$H_3BO_3 + 2F^- + H^+ = BF_2(OH)_2^- + H_2O$
log_k 7.63
delta_h 1.618 kcal

$H_3BO_3 + 2H^+ + 3F^- = BF_3OH^- + 2H_2O$
log_k 13.67
delta_h -1.614 kcal

$H_3BO_3 + 3H^+ + 4F^- = BF_4^- + 3H_2O$
log_k 20.28
delta_h -1.846 kcal

$PO_4^{3-} + H^+ = HPO_4^{2-}$
log_k 12.346
delta_h -3.530 kcal
-gamma 4.0000 0.0000

$PO_4^{3-} + 2H^+ = H_2PO_4^-$
log_k 19.553
delta_h -4.520 kcal
-gamma 4.5000 0.0000

$H^+ + F^- = HF$
log_k 3.18
delta_h 3.18 kcal
-analytic -2.033 0.012645 429.01

$H^+ + 2F^- = HF_2^-$
log_k 3.760
delta_h 4.550 kcal

$Ca^{2+} + H_2O = CaOH^+ + H^+$

log_k −12.780

$Ca^{2+} + CO_3^{2-} = CaCO_3$

log_k 3.224

delta_h 3.545 kcal

−analytic −1228.732 −0.299440 35512.75 485.818

$Ca^{2+} + CO_3^{2-} + H^+ = CaHCO_3^+$

log_k 11.435

delta_h −0.871 kcal

−analytic 1317.0071 0.34546894 −39916.84 −517.70761
563713.9

−gamma 5.4000 0.0000

$Ca^{2+} + SO_4^{2-} = CaSO_4$

log_k 2.300

delta_h 1.650 kcal

$Ca^{2+} + HSO_4^- = CaHSO_4^+$

log_k 1.08

$Ca^{2+} + PO_4^{3-} = CaPO_4^-$

log_k 6.459

delta_h 3.100 kcal

$Ca^{2+} + HPO_4^{2-} = CaHPO_4$

log_k 2.739

delta_h 3.3 kcal

$Ca^{2+} + H_2PO_4^- = CaH_2PO_4^+$

log_k 1.408

delta_h 3.4 kcal

$Ca^{2+} + F^- = CaF^+$

log_k 0.940

delta_h 4.120 kcal

$Mg^{2+} + H_2O = MgOH^+ + H^+$

log_k −11.440
delta_h 15.952 kcal

$Mg^{2+} + CO_3^{2-} = MgCO_3$
log_k 2.98
delta_h 2.713 kcal
−analytic 0.9910 0.00667

$Mg^{2+} + H^+ + CO_3^{2-} = MgHCO_3^+$
log_k 11.399
delta_h −2.771 kcal
−analytic 48.6721 0.03252849 −2614.335 −18.00263
563713.9

$Mg^{2+} + SO_4^{2-} = MgSO_4$
log_k 2.370
delta_h 4.550 kcal

$Mg^{2+} + PO_4^{3-} = MgPO_4^-$
log_k 6.589
delta_h 3.100 kcal

$Mg^{2+} + HPO_4^{2-} = MgHPO_4$
log_k 2.87
delta_h 3.3 kcal

$Mg^{2+} + H_2PO_4^- = MgH_2PO_4^+$
log_k 1.513
delta_h 3.4 kcal

$Mg^{2+} + F^- = MgF^+$
log_k 1.820
delta_h 3.200 kcal

$Na^+ + H_2O = NaOH + H^+$
log_k −14.180

$Na^+ + CO_3^{2-} = NaCO_3^-$
log_k 1.270

delta_h 8.910 kcal

$Na^+ + HCO_3^- = NaHCO_3$
log_k −0.25

$Na^+ + SO_4^{2-} = NaSO_4^-$
log_k 0.700
delta_h 1.120 kcal

$Na^+ + HPO_4^{2-} = NaHPO_4^-$
log_k 0.29

$Na^+ + F^- = NaF$
log_k −0.240

$K^+ + H_2O = KOH + H^+$
log_k −14.460

$K^+ + SO_4^{2-} = KSO_4^-$
log_k 0.850
delta_h 2.250 kcal
−analytical 3.106 0.0 −673.6

$K^+ + HPO_4^{2-} = KHPO_4^-$
log_k 0.29

$Fe^{2+} + H_2O = FeOH^+ + H^+$
log_k −9.500
delta_h 13.200 kcal

$Fe^{2+} + Cl^- = FeCl^+$
log_k 0.140

$Fe^{2+} + CO_3^{2-} = FeCO_3$
log_k 4.380

$Fe^{2+} + HCO_3^- = FeHCO_3^+$
log_k 2.0

$Fe^{2+} + SO_4^{2-} = FeSO_4$

log_k　　2.250

delta_h 3.230　kcal

$Fe^{2+} + HSO_4^- = FeHSO_4^+$

log_k　　1.08

$Fe^{2+} + 2HS^- = Fe(HS)_2$

log_k　　8.95

$Fe^{2+} + 3HS^- = Fe(HS)_3^-$

log_k　　10.987

$Fe^{2+} + HPO_4^{2-} = FeHPO_4$

log_k　　3.6

$Fe^{2+} + H_2PO_4^- = FeH_2PO_4^+$

log_k　　2.7

$Fe^{2+} + F^- = FeF^+$

log_k　　1.000

$Fe^{2+} = Fe^{3+} + e^-$

log_k　　−13.020

delta_h 9.680　kcal

−gamma　9.0000　0.0000

$Fe^{3+} + H_2O = FeOH^{2+} + H^+$

log_k　　−2.19

delta_h 10.4　kcal

$Fe^{3+} + 2H_2O = Fe(OH)_2^+ + 2H^+$

log_k　　−5.67

delta_h 17.1　kcal

$Fe^{3+} + 3H_2O = Fe(OH)_3 + 3H^+$

log_k　　−12.56

delta_h 24.8　kcal

$Fe^{3+} + 4H_2O = Fe(OH)_4^- + 4H^+$
log_k -21.6
delta_h 31.9 kcal

$2Fe^{3+} + 2H_2O = Fe_2(OH)_2^{4+} + 2H^+$
log_k -2.95
delta_h 13.5 kcal

$3Fe^{3+} + 4H_2O = Fe_3(OH)_4^{5+} + 4H^+$
log_k -6.3
delta_h 14.3 kcal

$Fe^{3+} + Cl^- = FeCl^{2+}$
log_k 1.48
delta_h 5.6 kcal

$Fe^{3+} + 2Cl^- = FeCl_2^+$
log_k 2.13

$Fe^{3+} + 3Cl^- = FeCl_3$
log_k 1.13

$Fe^{3+} + SO_4^{2-} = FeSO_4^+$
log_k 4.04
delta_h 3.91 kcal

$Fe^{3+} + HSO_4^- = FeHSO_4^{2+}$
log_k 2.48

$Fe^{3+} + 2SO_4^{2-} = Fe(SO_4)_2^-$
log_k 5.38
delta_h 4.60 kcal

$Fe^{3+} + HPO_4^{2-} = FeHPO_4^+$
log_k 5.43
delta_h 5.76 kcal

$Fe^{3+} + H_2PO_4^- = FeH_2PO_4^{2+}$
log_k 5.43

$Fe^{3+} + F^{-} = FeF^{2+}$

log_k 6.2

delta_h 2.7 kcal

$Fe^{3+} + 2F^{-} = FeF_2^{+}$

log_k 10.8

delta_h 4.8 kcal

$Fe^{3+} + 3F^{-} = FeF_3$

log_k 14.0

delta_h 5.4 kcal

$Mn^{2+} + H_2O = MnOH^{+} + H^{+}$

log_k −10.590

delta_h 14.400 kcal

$Mn^{2+} + Cl^{-} = MnCl^{+}$

log_k 0.610

$Mn^{2+} + 2Cl^{-} = MnCl_2$

log_k 0.250

$Mn^{2+} + 3Cl^{-} = MnCl_3^{-}$

log_k −0.310

$Mn^{2+} + CO_3^{2-} = MnCO_3$

log_k 4.900

$Mn^{2+} + HCO_3^{-} = MnHCO_3^{+}$

log_k 1.95

$Mn^{2+} + SO_4^{2-} = MnSO_4$

log_k 2.250

delta_h 3.370 kcal

$Mn^{2+} + 2NO_3^{-} = Mn(NO_3)_2$

log_k 0.600

delta_h −0.396 kcal

$Mn^{2+} + F^- = MnF^+$
    log_k   0.840

$Mn^{2+} = Mn^{3+} + e^-$
    log_k   −25.510
    delta_h 25.800 kcal

$Al^{3+} + H_2O = AlOH^{2+} + H^+$
    log_k   −5.00
    delta_h 11.49 kcal
    −analytic   −38.253   0.0   −656.27   14.327

$Al^{3+} + 2H_2O = Al(OH)_2^+ + 2H^+$
    log_k   −10.1
    delta_h 26.90   kcal
    −analytic   88.500   0.0   −9391.6   −27.121

$Al^{3+} + 3H_2O = Al(OH)_3 + 3H^+$
    log_k   −16.9
    delta_h 39.89   kcal
    −analytic   226.374   0.0   −18247.8   −73.597

$Al^{3+} + 4H_2O = Al(OH)_4^- + 4H^+$
    log_k   −22.7
    delta_h 42.30   kcal
    −analytic   51.578   0.0   −11168.9   −14.865

$Al^{3+} + SO_4^{2-} = AlSO_4^+$
    log_k   3.5
    delta_h 2.29 kcal

$Al^{3+} + 2SO_4^{2-} = Al(SO_4)_2^-$
    log_k   5.0
    delta_h 3.11 kcal

$Al^{3+} + HSO_4^- = AlHSO_4^{2+}$
    log_k   0.46

$Al^{3+} + F^- = AlF^{2+}$

log_k　　7.000

delta_h 1.060　kcal

$Al^{3+} + 2F^- = AlF_2^+$

log_k　　12.700

delta_h 1.980　kcal

$Al^{3+} + 3F^- = AlF_3$

log_k　　16.800

delta_h 2.160　kcal

$Al^{3+} + 4F^- = AlF_4^-$

log_k　　19.400

delta_h 2.200　kcal

$Al^{3+} + 5F^- = AlF_5^{2-}$

log_k　　20.600

delta_h 1.840　kcal

$Al^{3+} + 6F^- = AlF_6^{3-}$

log_k　　20.600

delta_h −1.670　kcal

$H_4SiO_4 = H_3SiO_4^- + H^+$

log_k　　−9.83

delta_h 6.12　kcal

−analytic　−302.3724　−0.050698　15669.69　108.18466
−1119669.0

$H_4SiO_4 = H_2SiO_4^{2-} + 2H^+$

log_k　　−23.0

delta_h 17.6　kcal

−analytic　−294.0184　−0.072650　11204.49　108.18466
−1119669.0

$H_4SiO_4 + 4H^+ + 6F^- = SiF_6^{2-} + 4H_2O$

log_k　　30.180

delta_h −16.260　kcal

$Ba^{2+} + H_2O = BaOH^+ + H^+$
log_k −13.470

$Ba^{2+} + CO_3^{2-} = BaCO_3$
log_k 2.71
delta_h 3.55 kcal
−analytic 0.113 0.008721

$Ba^{2+} + HCO_3^- = BaHCO_3^+$
log_k 0.982
delta_h 5.56 kcal
−analytical −3.0938 0.013669 0.0 0.0 0.0

$Ba^{2+} + SO_4^{2-} = BaSO_4$
log_k 2.700

$Sr^{2+} + H_2O = SrOH^+ + H^+$
log_k −13.290
−gamma 5.0000 0.0000

$Sr^{2+} + CO_3^{2-} + H^+ = SrHCO_3^+$
log_k 11.509
delta_h 2.489 kcal
−analytic 104.6391 0.04739549 −5151.79 −38.92561
563713.9
−gamma 5.4000 0.0000

$Sr^{2+} + CO_3^{2-} = SrCO_3$
log_k 2.81
delta_h 5.22 kcal
−analytic −1.019 0.012826

$Sr^{2+} + SO_4^{2-} = SrSO_4$
log_k 2.290
delta_h 2.080 kcal

$Li^+ + H_2O = LiOH + H^+$
log_k −13.640

$Li^{+} + SO_4^{2-} = LiSO_4^{-}$

log_k　　0.640

$Cu^{2+} + e^{-} = Cu^{+}$

log_k　　2.720

delta_h 1.650　kcal

−gamma　　2.5000　　0.0000

$Cu^{2+} + H_2O = CuOH^{+} + H^{+}$

log_k　　−8.000

−gamma　　4.0000　　0.0000

$Cu^{2+} + 2H_2O = Cu(OH)_2 + 2H^{+}$

log_k　　−13.680

$Cu^{2+} + 3H_2O = Cu(OH)_3^{-} + 3H^{+}$

log_k　　−26.900

$Cu^{2+} + 4H_2O = Cu(OH)_4^{2-} + 4H^{+}$

log_k　　−39.600

$Cu^{2+} + SO_4^{2-} = CuSO_4$

log_k　　2.310

delta_h 1.220　kcal

$Zn^{2+} + H_2O = ZnOH^{+} + H^{+}$

log_k　　−8.96

delta_h 13.4 kcal

$Zn^{2+} + 2H_2O = Zn(OH)_2 + 2H^{+}$

log_k　　−16.900

$Zn^{2+} + 3H_2O = Zn(OH)_3^{-} + 3H^{+}$

log_k　　−28.400

$Zn^{2+} + 4H_2O = Zn(OH)_4^{2-} + 4H^{+}$

log_k　　−41.200

$Zn^{2+} + Cl^- = ZnCl^+$

log_k 0.43

delta_h 7.79 kcal

$Zn^{2+} + 2Cl^- = ZnCl_2$

log_k 0.45

delta_h 8.5 kcal

$Zn^{2+} + 3Cl^- = ZnCl_3^-$

log_k 0.5

delta_h 9.56 kcal

$Zn^{2+} + 4Cl^- = ZnCl_4^{2-}$

log_k 0.2

delta_h 10.96 kcal

$Zn^{2+} + CO_3^{2-} = ZnCO_3$

log_k 5.3

$Zn^{2+} + 2CO_3^{2-} = Zn(CO_3)_2^{2-}$

log_k 9.63

$Zn^{2+} + HCO_3^- = ZnHCO_3^+$

log_k 2.1

$Zn^{2+} + SO_4^{2-} = ZnSO_4$

log_k 2.37

delta_h 1.36 kcal

$Zn^{2+} + 2SO_4^{2-} = Zn(SO_4)_2^{2-}$

log_k 3.28

$Cd^{2+} + H_2O = CdOH^+ + H^+$

log_k −10.080

delta_h 13.1 kcal

$Cd^{2+} + 2H_2O = Cd(OH)_2 + 2H^+$

log_k −20.350

$Cd^{2+} + 3H_2O = Cd(OH)_3^- + 3H^+$
log_k　　-33.300

$Cd^{2+} + 4H_2O = Cd(OH)_4^{2-} + 4H^+$
log_k　　-47.350

$Cd^{2+} + Cl^- = CdCl^+$
log_k　　1.980
delta_h 0.59 kcal

$Cd^{2+} + 2Cl^- = CdCl_2$
log_k　　2.600
delta_h 1.24 kcal

$Cd^{2+} + 3Cl^- = CdCl_3^-$
log_k　　2.400
delta_h 3.9 kcal

$Cd^{2+} + CO_3^{2-} = CdCO_3$
log_k　　2.9

$Cd^{2+} + 2CO_3^{2-} = Cd(CO_3)_2^{2-}$
log_k　　6.4

$Cd^{2+} + HCO_3^- = CdHCO_3^+$
log_k　　1.5

$Cd^{2+} + SO_4^{2-} = CdSO_4$
log_k　　2.460
delta_h 1.08 kcal

$Cd^{2+} + 2SO_4^{2-} = Cd(SO_4)_2^{2-}$
log_k　　3.5

$Pb^{2+} + H_2O = PbOH^+ + H^+$
log_k　　-7.710

$Pb^{2+} + 2H_2O = Pb(OH)_2 + 2H^+$
log_k　　-17.120

$Pb^{2+} + 3H_2O = Pb(OH)_3^- + 3H^+$
log_k -28.060

$Pb^{2+} + 4H_2O = Pb(OH)_4^{2-} + 4H^+$
log_k -39.700

$2Pb^{2+} + H_2O = Pb_2OH^{3+} + H^+$
log_k -6.360

$Pb^{2+} + Cl^- = PbCl^+$
log_k 1.600
delta_h 4.38 kcal

$Pb^{2+} + 2Cl^- = PbCl_2$
log_k 1.800
delta_h 1.08 kcal

$Pb^{2+} + 3Cl^- = PbCl_3^-$
log_k 1.700
delta_h 2.17 kcal

$Pb^{2+} + 4Cl^- = PbCl_4^{2-}$
log_k 1.380
delta_h 3.53 kcal

$Pb^{2+} + CO_3^{2-} = PbCO_3$
log_k 7.240

$Pb^{2+} + 2\ CO_3^{2-} = Pb(CO_3)_2^{2-}$
log_k 10.640

$Pb^{2+} + HCO_3^- = PbHCO_3^+$
log_k 2.9

$Pb^{2+} + SO_4^{2-} = PbSO_4$
log_k 2.750

$Pb^{2+} + 2SO_4^{2-} = Pb(SO_4)_2^{2-}$

log_k 3.470

$Pb^{2+} + NO_3^- = PbNO_3^+$

log_k 1.170

PHASES

Calcite

$CaCO_3 = CO_3^{2-} + Ca^{2+}$

log_k −8.480

delta_h −2.297 kcal

−analytic −171.9065 −0.077993 2839.319 71.595

Aragonite

$CaCO_3 = CO_3^{2-} + Ca^{2+}$

log_k −8.336

delta_h −2.589 kcal

−analytic −171.9773 −0.077993 2903.293 71.595

Dolomite

$CaMg(CO_3)_2 = Ca^{2+} + Mg^{2+} + 2\ CO_3^{2-}$

log_k −17.090

delta_h −9.436 kcal

Siderite

$FeCO_3 = Fe^{2+} + CO_3^{2-}$

log_k −10.890

delta_h −2.480 kcal

Rhodochrosite

$MnCO_3 = Mn^{2+} + CO_3^{2-}$

log_k −11.130

delta_h −1.430 kcal

Strontianite

$SrCO_3 = Sr^{2+} + CO_3^{2-}$

log_k −9.271

delta_h −0.400 kcal

−analytic 155.0305 0.0 −7239.594 −56.58638

Witherite

$BaCO_3 = Ba^{2+} + CO_3^{2-}$

log_k −8.562

delta_h 0.703 kcal

−analytic 607.642 0.121098 −20011.25 −236.4948

Gypsum

$CaSO_4 \cdot 2H_2O = Ca^{2+} + SO_4^{2-} + 2H_2O$

log_k −4.580

delta_h −0.109 kcal

−analytic 68.2401 0.0 −3221.51 −25.0627

Anhydrite

$CaSO_4 = Ca^{2+} + SO_4^{2-}$

log_k −4.360

delta_h −1.710 kcal

−analytic 197.52 0.0 −8669.8 −69.835

Celestite

$SrSO_4 = Sr^{2+} + SO_4^{2-}$

log_k −6.630

delta_h −1.037 kcal

−analytic −14805.9622 −2.4660924 756968.533 5436.3588 −40553604.0

Barite

$BaSO_4 = Ba^{2+} + SO_4^{2-}$

log_k −9.970

delta_h 6.350 kcal

−analytic 136.035 0.0 −7680.41 −48.595

Hydroxyapatite

$Ca_5(PO_4)_3OH + 4H^+ = H_2O + 3HPO_4^{2-} + 5Ca^{2+}$

log_k −3.421

delta_h −36.155 kcal

Fluorite

$CaF_2 = Ca^{2+} + 2F^-$

log_k −10.600
delta_h 4.690 kcal
−analytic 66.348 0.0 −4298.2 −25.271

SiO_2(a)

$SiO_2 + 2H_2O = H_4SiO_4$
log_k −2.710
delta_h 3.340 kcal
−analytic −0.26 0.0 −731.0

Chalcedony

$SiO_2 + 2H_2O = H_4SiO_4$
log_k −3.550
delta_h 4.720 kcal
−analytic −0.09 0.0 −1032.0

Quartz

$SiO_2 + 2H_2O = H_4SiO_4$
log_k −3.980
delta_h 5.990 kcal
−analytic 0.41 0.0 −1309.0

Gibbsite

$Al(OH)_3 + 3H^+ = Al^{3+} + 3H_2O$
log_k 8.110
delta_h −22.800 kcal

$Al(OH)_3$(a)

$Al(OH)_3 + 3H^+ = Al^{3+} + 3H_2O$
log_k 10.800
delta_h −26.500 kcal

Kaolinite

$Al_2Si_2O_5(OH)_4 + 6H^+ = H_2O + 2H_4SiO_4 + 2Al^{3+}$
log_k 7.435
delta_h −35.300 kcal

Albite

$NaAlSi_3O_8 + 8H_2O = Na^+ + Al(OH)_4^- + 3H_4SiO_4$

log_k -18.002

delta_h 25.896 kcal

Anorthite

$CaAl_2Si_2O_8 + 8H_2O = Ca^{2+} + 2Al(OH)_4^- + 2H_4SiO_4$

log_k -19.714

delta_h 11.580 kcal

K-feldspar

$KAlSi_3O_8 + 8H_2O = K^+ + Al(OH)_4^- + 3H_4SiO_4$

log_k -20.573

delta_h 30.820 kcal

K-mica

$KAl_3Si_3(OH)_2 + 10H^+ = K^+ + 3Al^{3+} + 3H_4SiO_4$

log_k 12.703

delta_h -59.376 kcal

Chlorite(14A)

$Mg_5Al_2Si_3(OH)_8 + 16H^+ = 5Mg^{2+} + 2Al^{3+} + 3H_4SiO_4 + 6H_2O$

log_k 68.38

delta_h -151.494 kcal

Ca-Montmorillonite

$Ca_{0.165}Al_{2.33}Si_{3.67}(OH)_2 + 12H_2O = 0.165Ca^{2+} + 2.33Al(OH)_4^- + 3.67H_4SiO_4 + 2H^+$

log_k -45.027

delta_h 58.373 kcal

Talc

$Mg_3Si_4(OH)_2 + 4H_2O + 6H^+ = 3Mg^{2+} + 4H_4SiO_4$

log_k 21.399

delta_h -46.352 kcal

Illite

$K_{0.6}Mg_{0.25}Al_{2.3}Si_{3.5}(OH)_2 + 11.2H_2O = 0.6K^+ + 0.25Mg^{2+} + 2.3Al(OH)_4^- + 3.5H_4SiO_4 + 1.2H^+$

log_k -40.267

delta_h 54.684 kcal

Chrysotile

$Mg_3Si_2O_5(OH)_4 + 6H^+ = H_2O + 2H_4SiO_4 + 3Mg^{2+}$

log_k 32.200

delta_h −46.800 kcal

−analytic 13.248 0.0 10217.1 −6.1894

Sepiolite

$Mg_2Si_3OH \cdot 3H_2O + 4H^+ + 0.5H_2O = 2Mg^{2+} + 3H_4SiO_4$

log_k 15.760

delta_h −10.700 kcal

Sepiolite(d)

$Mg_2Si_3OH \cdot 3H_2O + 4H^+ + 0.5H_2O = 2Mg^{2+} + 3H_4SiO_4$

log_k 18.660

Hematite

$Fe_2O_3 + 6H^+ = 2Fe^{3+} + 3H_2O$

log_k −4.008

delta_h −30.845 kcal

Goethite

$FeOOH + 3H^+ = Fe^{3+} + 2H_2O$

log_k −1.000

delta_h −14.48 kcal

$Fe(OH)_3$(a)

$Fe(OH)_3 + 3H^+ = Fe^{3+} + 3H_2O$

log_k 4.891

Pyrite

$FeS_2 + 2H^+ + 2e^- = Fe^{2+} + 2HS^-$

log_k −18.479

delta_h 11.300 kcal

FeS(ppt)

$FeS + H^+ = Fe^{2+} + HS^-$

log_k −3.915

Mackinawite

$FeS + H^+ = Fe^{2+} + HS^-$

log_k −4.648

Sulfur

$S + 2H^+ + 2e^- = H_2S$

log_k 4.882

delta_h −9.5 kcal

Vivianite

$Fe_3(PO_4)_2 \cdot 8H_2O = 3Fe^{2+} + 2PO_4^{3-} + 8H_2O$

log_k −36.000

Pyrolusite

$MnO_2 + 4H^+ + 2e^- = Mn^{2+} + 2H_2O$

log_k 41.380

delta_h −65.110 kcal

Hausmannite

$Mn_3O_4 + 8H^+ + 2e^- = 3Mn^{2+} + 4H_2O$

log_k 61.030

delta_h −100.640 kcal

Manganite

$MnOOH + 3H^+ + e^- = Mn^{2+} + 2H_2O$

log_k 25.340

Pyrochroite

$Mn(OH)_2 + 2H^+ = Mn^{2+} + 2H_2O$

log_k 15.200

Halite

$NaCl = Na^+ + Cl^-$

log_k 1.582

delta_h 0.918 kcal

$CO_2(g)$

$CO_2 = CO_2$

log_k −1.468

delta_h −4.776 kcal
−analytic 108.3865 0.01985076 −6919.53 −40.45154 669365.0

$O_2(g)$
$O_2 = O_2$
log_k −2.960
delta_h −1.844 kcal

$H_2(g)$
$H_2 = H_2$
log_k −3.150
delta_h −1.759 kcal

$H_2O(g)$
$H_2O = H_2O$
log_k 1.51
delta_h −44.03 kJ

Stumm and Morgan, from NBS and Robie, Hemmingway, and Fischer (1978)

$N_2(g)$
$N_2 = N_2$
log_k −3.260
delta_h −1.358 kcal

$H_2S(g)$
$H_2S = H_2S$
log_k −0.997
delta_h −4.570 kcal

$CH_4(g)$
$CH_4 = CH_4$
log_k −2.860
delta_h −3.373 kcal

$NH_3(g)$
$NH_3 = NH_3$
log_k 1.770
delta_h −8.170 kcal

Melanterite

$FeSO_4 \cdot 7H_2O = 7H_2O + Fe^{2+} + SO_4^{2-}$

log_k -2.209

delta_h 4.910 kcal

-analytic 1.447 -0.004153 0.0 0.0
-214949.0

Alunite

$KAl_3(SO_4)_2(OH)_6 + 6H^+ = K^+ + 3Al^{3+} + 2SO_4^{2-} + 6H_2O$

log_k -1.400

delta_h -50.250 kcal

Jarosite-K

$KFe_3(SO_4)_2(OH)_6 + 6H^+ = 3Fe^{3+} + 6H_2O + K^+ + 2SO_4^{2-}$

log_k -9.210

delta_h -31.280 kcal

$Zn(OH)_2$(e)

$Zn(OH)_2 + 2H^+ = Zn^{2+} + 2H_2O$

log_k 11.50

Smithsonite

$ZnCO_3 = Zn^{2+} + CO_3^{2-}$

log_k -10.000

delta_h -4.36 kcal

Sphalerite

$ZnS + H^+ = Zn^{2+} + HS^-$

log_k -11.618

delta_h 8.250 kcal

Willemite 289

$Zn_2SiO_4 + 4H^+ = 2Zn^{2+} + H_4SiO_4$

log_k 15.33

delta_h -33.37 kcal

$Cd(OH)_2$

$Cd(OH)_2 + 2H^+ = Cd^{2+} + 2H_2O$

```
    log_k            13.650

Otavite              315
    CdCO3 = Cd2+ + CO3 2-
    log_k            -12.1
    delta_h -0.019   kcal

CdSiO3               328
    CdSiO3 + H2O + 2H+ = Cd2+ + H4SiO4
    log_k            9.06
    delta_h -16.63   kcal

CdSO4                329
    CdSO4 = Cd2+ + SO4 2-
    log_k            -0.1
    delta_h -14.74   kcal

Cerrusite            365
    PbCO3 = Pb2+ + CO3 2-
    log_k            -13.13
    delta_h 4.86     kcal

Anglesite            384
    PbSO4 = Pb2+ + SO4 2-
    log_k            -7.79
    delta_h 2.15     kcal

Pb(OH)2              389
    Pb(OH)2 + 2H+ = Pb2+ + 2H2O
    log_k            8.15
    delta_h -13.99   kcal

EXCHANGE_MASTER_SPECIES
    X        X-
EXCHANGE_SPECIES
    X- = X-
    log_k            0.0

    Na+ + X- = NaX
```

log_k 0.0
-gamma 4.0 0.075

$K^+ + X^- = KX$
log_k 0.7
-gamma 3.5 0.015
delta_h -4.3 # Jardine & Sparks, 1984

$Li^+ + X^- = LiX$
log_k -0.08
-gamma 6.0 0.0
delta_h 1.4 # Merriam & Thomas, 1956

$NH_4^+ + X^- = NH_4X$
log_k 0.6
-gamma 2.5 0.0
delta_h -2.4 # Laudelout et al., 1968

$Ca^{2+} + 2X^- = CaX_2$
log_k 0.8
-gamma 5.0 0.165
delta_h 7.2 # Van Bladel & Gheyl, 1980

$Mg^{2+} + 2X^- = MgX_2$
log_k 0.6
-gamma 5.5 0.2
delta_h 7.4 # Laudelout et al., 1968

$Sr^{2+} + 2X^- = SrX_2$
log_k 0.91
-gamma 5.26 0.121
delta_h 5.5 # Laudelout et al., 1968

$Ba^{2+} + 2X^- = BaX_2$
log_k 0.91
-gamma 5.0 0.0
delta_h 4.5 # Laudelout et al., 1968

$Mn^{2+} + 2X^- = MnX_2$

```
        log_k    0.52
        -gamma   6.0      0.0

        Fe2+ + 2X- = FeX2
        log_k    0.44
        -gamma   6.0      0.0

        Cu2+ + 2X- = CuX2
        log_k    0.6
        -gamma   6.0      0.0

        Zn2+ + 2X- = ZnX2
        log_k    0.8
        -gamma   5.0      0.0

        Cd2+ + 2X- = CdX2
        log_k    0.8

        Pb2+ + 2X- = PbX2
        log_k    1.05

        Al3+ + 3X- = AlX3
        log_k    0.41
        -gamma   9.0      0.0

        AlOH2+ + 2X- = AlOHX2
        log_k    0.89
        -gamma   0.0      0.0
SURFACE_MASTER_SPECIES
        Hfo_s   Hfo_sOH
        Hfo_w   Hfo_wOH
SURFACE_SPECIES
#
#    strong binding site--Hfo_s,

        Hfo_sOH = Hfo_sOH
        log_k  0.0

        Hfo_sOH + H+ = Hfo_sOH2+
```

```
        log_k  7.29      #  = pKa1,int

        Hfo_sOH = Hfo_sO- + H+
        log_k  -8.93    #  = -pKa2,int

#   weak binding site--Hfo_w

        Hfo_wOH = Hfo_wOH
        log_k  0.0

        Hfo_wOH  + H+ = Hfo_wOH2+
        log_k  7.29      #  = pKa1,int

        Hfo_wOH = Hfo_wO- + H+
        log_k  -8.93    #  = -pKa2,int

###############################################
#             CATIONS                    #
###############################################
#
#   Calcium
        Hfo_sOH + Ca2+ = Hfo_sOHCa2+
        log_k  4.97

        Hfo_wOH + Ca2+ = Hfo_wOCa+ + H+
        log_k -5.85
#   Strontium
        Hfo_sOH + Sr2+ = Hfo_sOHSr2+
        log_k  5.01

        Hfo_wOH + Sr2+ = Hfo_wOSr+ + H+
        log_k -6.58

        Hfo_wOH + Sr2+ + H2O = Hfo_wOSrOH + 2H+
        log_k -17.60
#   Barium
        Hfo_sOH + Ba2+ = Hfo_sOHBa2+
        log_k  5.46
```

```
    Hfo_wOH + Ba2+ = Hfo_wOBa+ + H+
    log_k   -7.2                        # table 10.5
#
#   Cadmium
    Hfo_sOH + Cd2+ = Hfo_sOCd+ + H+
    log_k  0.47

    Hfo_wOH + Cd2+ = Hfo_wOCd+ + H+
    log_k   -2.91
#   Zinc
    Hfo_sOH + Zn2+ = Hfo_sOZn+ + H+
    log_k  0.99

    Hfo_wOH + Zn2+ = Hfo_wOZn+ + H+
    log_k   -1.99
#   Copper
    Hfo_sOH + Cu2+ = Hfo_sOCu+ + H+
    log_k  2.89

    Hfo_wOH + Cu2+ = Hfo_wOCu+ + H+
    log_k  0.6                          # table 10.5
#   Lead
    Hfo_sOH + Pb2+ = Hfo_sOPb+ + H+
    log_k  4.65

    Hfo_wOH + Pb2+ = Hfo_wOPb+ + H+
    log_k  0.3                          # table 10.5
#
#   Derived constants table 10.5
#
#   Magnesium
    Hfo_wOH + Mg2+ = Hfo_wOMg+ + H+
    log_k -4.6
#   Manganese
    Hfo_sOH + Mn2+ = Hfo_sOMn+ + H+
    log_k   -0.4                        # table 10.5

    Hfo_wOH + Mn2+ = Hfo_wOMn+ + H+
    log_k -3.5                          # table 10.5
```

\# Iron

$Hfo\_sOH + Fe^{2+} = Hfo\_sOFe^{+} + H^{+}$
log_k 0.7 # LFER using table 10.5

$Hfo\_wOH + Fe^{2+} = Hfo\_wOFe^{+} + H^{+}$
log_k −2.5 # LFER using table 10.5

\###
\# ANIONS #
\###
\#
\# Phosphate

$Hfo\_wOH + PO_4^{3-} + 3H^{+} = Hfo\_wH_2PO_4 + H_2O$
log_k 31.29

$Hfo\_wOH + PO_4^{3-} + 2H^{+} = Hfo\_wHPO_4^{-} + H_2O$
log_k 25.39

$Hfo\_wOH + PO_4^{3-} + H^{+} = Hfo\_wPO_4^{2-} + H_2O$
log_k 17.72

\#
\# Anions from table 10.7
\#
\# Borate

$Hfo\_wOH + H_3BO_3 = Hfo\_wH_2BO_3 + H_2O$
log_k 0.62

\#
\# Anions from table 10.8
\#
\# Sulfate

$Hfo\_wOH + SO_4^{2-} + H^{+} = Hfo\_wSO_4^{-} + H_2O$
log_k 7.78

$Hfo\_wOH + SO_4^{2-} = Hfo\_wOHSO_4^{2-}$
log_k 0.79

\#
\# Derived constants table 10.10
\#

$Hfo\_wOH + F^{-} + H^{+} = Hfo\_wF + H_2O$

```
        log_k    8.7

        Hfo_wOH + F- = Hfo_wOHF-
        log_k    1.6
#
# Carbonate: Van Geen et al., 1994 reoptimized for HFO
# 0.15 g HFO/L has 0.344 mM sites == 2 g of Van Geen's Goethite/L
#
#       Hfo_wOH + CO3-2 + H+ = Hfo_wCO3- + H2O
#       log_k   12.56
#
#       Hfo_wOH + CO3-2 + 2H+ = Hfo_wHCO3 + H2O
#       log_k   20.62

# 9/19/96
#       Added analytical expression for H2S, NH3, KSO4.
#       Added species CaHSO4+.
#       Added delta H for Goethite.

RATES

###########
#K-feldspar
###########
#
# Example of KINETICS data block for K-feldspar rate:
#         KINETICS 1
#         K-feldspar
#                 -m0 2.16    # 10% K-fsp, 0.1 mm cubes
#                 -m  1.94
#                 -parms 1.36e4   0.1

K-feldspar
-start
  1 rem specific rate from Sverdrup, 1990, in kmol/m2/s
  2 rem parm(1) = 10 * (A/V, 1/dm) (recalc's sp. rate to mol/kgw)
  3 rem parm(2) = corrects for field rate relative to lab rate
  4 rem temp corr: from p. 162. E (kJ/mol) / R / 2.303 = H in H * (1/T-1/298)
```

```
    10      dif_temp = 1/TK - 1/298
    20      pk_H = 12.5 + 3134 * dif_temp
    30      pk_w = 15.3 + 1838 * dif_temp
    40      pk_OH = 14.2 + 3134 * dif_temp
    50      pk_CO2 = 14.6 + 1677 * dif_temp
    #60     pk_org = 13.9 + 1254 * dif_temp   # rate increase with DOC
    70      rate = 10^-pk_H * act("H+")^0.5 + 10^-pk_w + 10^-pk_OH * ACT("OH-")^0.3
    71      rate = rate + 10^-pk_CO2 * (10^SI("CO2(g)"))^0.6
    #72     rate = rate + 10^-pk_org * tot("Doc")^0.4
    80      moles = parm(1) * parm(2) * rate * (1 - SR("K-feldspar")) * time
    81      rem decrease rate on precipitation
    90      if SR("K-feldspar") > 1 then moles = moles * 0.1
    100     save moles
  -end

  ###########
  #Albite
  ###########
  #
  # Example of KINETICS data block for Albite rate:
  #          KINETICS 1
  #          Albite
  #                      -m0 0.43   # 2% Albite, 0.1 mm cubes
  #                      -parms 2.72e3   0.1

  Albite
  -start
    1 rem specific rate from Sverdrup, 1990, in kmol/m2/s
    2 rem parm(1) = 10 * (A/V, 1/dm) (recalc's sp. rate to mol/kgw)
    3 rem parm(2) = corrects for field rate relative to lab rate
    4 rem temp corr: from p. 162. E (kJ/mol) / R / 2.303 = H in H * (1/T-1/298)

    10      dif_temp = 1/TK - 1/298
    20      pk_H = 12.5 + 3359 * dif_temp
    30      pk_w = 14.8 + 2648 * dif_temp
    40      pk_OH = 13.7 + 3359 * dif_temp
    #41 rem            ^12.9 in Sverdrup, but larger than for oligoclase...
    50      pk_CO2 = 14.0 + 1677 * dif_temp
```

```
    #60   pk_org = 12.5 + 1254 * dif_temp # ...rate increase for DOC
    70    rate = 10^-pk_H * ACT("H+")^0.5 + 10^-pk_w + 10^-pk_OH * ACT("OH-")^0.3
    71    rate = rate + 10^-pk_CO2 * (10^SI("CO2(g)"))^0.6
    #72   rate = rate + 10^-pk_org * TOT("Doc")^0.4
    80    moles = parm(1) * parm(2) * rate * (1 - SR("Albite")) * time
    81 rem decrease rate on precipitation
    90    if SR("Albite") > 1 then moles = moles * 0.1
    100   save moles
  -end

  ###########
  #Calcite
  ###########
  #
  # Example of KINETICS data block for calcite rate:
  #
  #        KINETICS 1
  #        Calcite
  #                 -tol      1e-8
  #                 -m0       3.e-3
  #                 -m        3.e-3
  #                 -parms    5.0      0.6
  Calcite
    -start
    1 rem        Modified from Plummer and others, 1978
    2 rem        parm(1) = A/V, 1/m      parm(2) = exponent for m/m0

    10 si_cc = si("Calcite")
    20 if (m <= 0  and si_cc < 0) then goto 200
    30  k1 = 10^(0.198 - 444.0 / (273.16 + tc) )
    40  k2 = 10^(2.84 - 2177.0 / (273.16 + tc) )
    50  if tc <= 25 then k3 = 10^(-5.86 - 317.0 / (273.16 + tc) )
    60  if tc > 25 then k3 = 10^(-1.1 - 1737.0 / (273.16 + tc) )
    70   t = 1
    80   if m0 > 0 then t = m/m0
    90   if t = 0 then t = 1
    100   moles = parm(1) * (t)^parm(2)
    110   moles = moles * (k1 * act("H+") + k2 * act("CO2") + k3 * act
```

```
("H2O"))
        120   moles = moles * (1 - 10^(2/3 * si_cc))
        130   moles = moles * time
        140  if (moles > m) then moles = m
        150  if (moles >= 0) then go to 200
        160  temp = tot("Ca")
        170  mc = tot("C(4)")
        180  if mc < temp then temp = mc
        190  if -moles > temp then moles = -temp
        200 save moles
      -end

    #######
    # Pyrite
    #######
    #
    # Example of KINETICS data block for pyrite rate:
    #        KINETICS 1
    #        Pyrite
    #                  -tol       1e-8
    #                  -m0        5.e-4
    #                  -m         5.e-4
    #                  -parms     2.0      0.67      0.5      -0.11
    Pyrite
      -start
        1 rem         Williamson and Rimstidt, 1994
        2 rem         parm(1) = log10(A/V, 1/dm)       parm(2) = exp for (m/m0)
        3 rem         parm(3) = exp for O2             parm(4) = exp for H+

        10 if (m <= 0) then goto 200
        20 if (si("Pyrite") >= 0) then go to 200
        20   rate = -10.19 + parm(1) + parm(3) * lm("O2") + parm(4) * lm("H+") +
parm(2) * log10(m/m0)
        30   moles = 10^rate * time
        40 if (moles > m) then moles = m
        200 save moles
      -end

    ##########
```

```
#Organic_C
##########
#
# Example of KINETICS data block for Organic_C rate:
#         KINETICS 1
#         Organic_C
#                  -tol      1e-8
#                  # m in mol/kgw
#                  -m0       5e-3
#                  -m        5e-3
Organic_C
-start
   1  rem      Additive Monod kinetics
   2  rem      Electron acceptors: O2, NO3, and SO4

   10 if (m <= 0) then go to 200
   20  mO2 = mol("O2")
   30  mNO3 = tot("N(5)")
   40  mSO4 = tot("S(6)")
   50   rate = 1.57e-9 * mO2/(2.94e-4 + mO2) + 1.67e-11 * mNO3/(1.55e-4
+ mNO3)
   60   rate = rate + 1.e-13 * mSO4/(1.e-4 + mSO4)
   70  moles = rate * m * (m/m0) * time
   80 if (moles > m) then moles = m
   200 save moles
-end

###########
#Pyrolusite
###########
#
# Example of KINETICS data block for Pyrolusite
#         KINETICS 1-12
#         Pyrolusite
#                  -tol      1.e-7
#                  -m0       0.1
#                  -m        0.1
Pyrolusite
  -start
```

```
5     if (m <= 0.0) then go to 200
7     sr_pl = sr("Pyrolusite")
9     if abs(1 - sr_pl) < 0.1 then go to 200
10    if (sr_pl > 1.0) then go to 100
#20 rem        initially 1 mol Fe2+ = 0.5 mol pyrolusite. k * A/V = 1/time (3 cells)
#22 rem        time (3 cells) = 1.432e4.   1/time = 6.98e-5
30    Fe_t = tot("Fe(2)")
32    if Fe_t < 1.e-8 then go to 200
40    moles = 6.98e-5 * Fe_t * (m/m0)^0.67 * time * (1 - sr_pl)
50    if moles > Fe_t / 2 then moles = Fe_t / 2
70    if moles > m then moles = m
90    go to 200
100   Mn_t = tot("Mn")
110   moles = 2e-3 * 6.98e-5 * (1-sr_pl) * time
120   if moles <= -Mn_t then moles = -Mn_t
200   save moles
-end
END
```